WISSENSCHAFT UND TECHNIK

Materie, Mensch und Maschine –
der Faktencheck

EDITION XXL

Bildnachweis:
Alamy: David Fleetham 26–27; Greg Vaughn 114–115; Xinhua 115; Arcturus Publishing Ltd: Stefano Azzalin 44; **CERN:** Daniel Dominguez/Maximilien Brice 82–83; **ESA:** 94–95; **ESO.org:** 119; **FLPA:** Frans Lanting 40–41; **Getty Images:** Education Images/UIG 76–77; **Lawrence Livermore National Laboratory:** 100–101; **Library of Congress:** Oren Jack Turner 85; **NASA Images:** ESA/Hubble Heritage Team 120, 122; ESA/Judy Schmidt 85; JPL–Caltech 15, 71, 80; SOHO/ESA 98, 118; WMAP Science Team 124; 125; **NOAA Photo Library:** Lost City 2005 Expedition/OAR/OER 38; **Pikaia Imaging:** 120–121; **Science Photo Library:** Carlos Clarivan 111, 124; Chris Butler 120–121; David Parker 90–91; Dr Gary Settles 10, 96; Equinox Graphics 104; Gary Hincks 112; GIPhotoStock 12; Gusto Images 104; Henning Dalhoff 114; Jellyfish Pictures 1, 60–61; Jose Antonio Penas 44–45; Kateryna Kon 30; Mark Garlick 117; Matthew Oldfield 18–19; Mauro Fermariello 65; 73; NASA/JPL 118–119; Nicolle R Fuller 84–85, 102–103; Pascal Goetgheluck 98–99; Patrice Loiez, CERN 22–23; Philippe Plailly 102; Photo Insolite Realite 4–5; Planetary Visions Ltd 108; Samuel Ashfield 92–93; Smetek 40; Spencer Sutton 109; Tony McConnell 9; Universal History Archive/UIG 86; US Army 92; Zephyr 64–65; **Shutterstock:** 3Dsculptor 66–67; 34ct; adike 5, 52–53; adriaticfoto 4; AF studio 98; ALXR 81; andrea crisante 89; Andrea Danti 22, 124–125; Andrey Armyagov 34; Andrey_Kuzmin 17; asharkyu 95; a Sk 4–128; Aspen Photo 69; Ayon Tarafdar 82; Bildagentur Zoonar GmbH 36; Biomedical 50–51; Blan–k 95; Blue Ring Media 33, 100; Brannon_Naito 32–33; Budimir Jevtic 39; by pap 63; Calmara 28; Cassiohabib 68–69; Castleski/NASA 116; CE Wagstaff/Georgios Kolidas 19; Chris Singshinsuk 94; Christos Georghiou 36, 48; cyo bo 20–21; dangdumrong 34; deepadesigns 58; Designua 18, 30, 31, 58, 64, 120; Diego Barucco 106; Digital Storm 10–11; Double Brain 60; eenoki 46; Esteban De Armas 42; EstherQueen999 56; Everett Historical 55; Evgeniya Chertova 11; F Neidl 34; Forance 102; fotografos 90; Fouad A Saad 74, 80; Fredy Thuerig 12–13; freevideophotoagency 67; Gabor Kenyeres 74–75; Gabor Miklos 97; Gerald Robert Fischer 34; GiroScience 83; godrick, vovan/NASA 116–117; grafvision 8; GraphicsRF 62; hamdee 28–29; Harvepino 110–111; haryigit 20; Hedrus 42–43; hillmanchaiyaphum 34; Inna Bigun 13, 24; Jag_cz 80–81; Jakub Cejpek 112–113; Jolanta Wojcicka 34; JonathanC Photography 68; Juan Gaertner 62–63; kaer_stock 7; kalen 45; kasezo 78; Kateryna Kon 62; Kobby Dagan 78–79; Kosta Iliev 72; koya979 29; Larina Marina 25; Laura Dinraths 35; Life science 48–49; Lightspring 26; Little Dog Korat 72–73; Littlekidmoment 74; Luisa Fumi 90; LynxVector 51; M Scheja 112; Macrovector 9; Marc Ward/NASA 106; Marcin Balcerzak 104–105; Maria Zvonkova 120; Mark Agnor 16–17; Martin Lisner 100; Maryna Kulchytska 86–87; MatiasDelCarmine 41, 70, 78; Maximilian Laschon 14–15; mekcar 88–89; Meowu 85; Miami2you 38–39; MichaelTaylor 23; Michal Knitl 54–55; MicroOne 6; mila kad 23; MilanMarkovic78 10; Molly NZ 32; Monkey_Fish 116; Morphart Creation 73; NASA Images 5; Neal Pritchard Media 4; Nerthuz 56–57; nobeastsofierce 56; NoPainNoGain 13, 15, 50, 110; NotionPic 48; NPaveIN 87; Olya Vusochyn 61; Palau 108; Panda Vector 43, 59; pandapaw 72; patx64 21; Peppy Graphics 96; Photomontage 88; Pogorelova Olga 105; Popova Tetiana 34; Protasov AN 24–25; ranjith ravindran 30–31; Rich Carey 35; Robert J Gatto 55; Roberto Cerruti 68; robin2 114; Romeo Andrei Cana 35; royaltystockphoto.com 64; Sakura 32; Salparadis 35; sandatlas.org 6; satit_srihin 96–97; schankz 34; science photo 105; scubaluna 35; Sebastian Janicki 8–9, 16; Sebastian Kaulitzi 39, 46, 58–59; sebi_2569 36–37; SherSS 86; Shmitt Maria 102; ShutterStockStudio 77; Sirisak_baokaew 46–47; Sky Antonio 70–71; SkyPics Studio 74; Sombat Muycheen 66; stihii 50; StockSmartStart 68; sumikophoto 110; Sunny studio 2–3; Susan Schmitz 26; Taras Vyshnya 18; Tatsiana Salayuova 44; tcareob72 34; Tefi 53–54, 60; TES_PHOTO, MatiasDelCarmine, Genestro 70; Therato 108–109; Thongsuk Atiwannakul 99; tomas devera photo 91; udaix 101; Vadim Sadovski/NASA 106–107; vectortatu 120; Victor Tyakht 35; VILevi 49; Volodymyr Krasyuk 93; wavebreakmedia 52; Xray Computer 57; YC_Chee 4; yodiyim 52; yongyut rukkachatsuwa 17; yougoigo 37; Zety Akhzar 35; Zigzag Mountain Art 76; ZinaidaSopina 6–7; **thehistoryblog.com:** 29; **Wellcome Images:** 47; **Wikimedia Commons:** Adler Planetarium and Astronomy Museum, Chicago/Brahe's Astronomiae instauratae 118; Alexander Roslin, Nationalmuseum, Stockholm, Sweden 27; Charles Darwin and John Gould: The Voyage of the Beagle 40; Christian Albrecht Jensen 21; Davorka Herak and Marijan Herak 106; Frederick Bedell's The Principles of the Transformer (1896) 76; Harvard University Library 123; Justus Sustermans, National Maritime Museum 66; Maija Karala 35; Mendel: Principles of Heredity: A Defence/Bateson, William 43; Niabot 79; www.jedliktarsasag.hu 89; Nobel Foundation 25; Robert Hooke, Micrographia, National Library of Wales 30; Science Museum, London/Mrjohncummings 92; Scottish National Gallery/Henry Raeburn 113

Erstveröffentlichung unter dem Titel:
„Children's Encyclopedia of Science"
© Arcturus Holdings Limited, 2019

Genehmigte Lizenzausgabe
EDITION XXL GmbH
Industriestraße 19
64407 Fränkisch-Crumbach 2020
www.edition-xxl.de

Design: Amy McSimpson @ Hollow Pond

Übersetzung, Layout und Umschlaggestaltung:
design cat GmbH

ISBN 978-3-89736-719-7

Inhalt

EINLEITUNG

Wissenschaft ist großartig! Sie prägt unser Verständnis vom Universum und hat unser alltägliches Leben verändert. Im Grunde macht es die Wissenschaft möglich, Fakten zu sammeln, Ideen zu entwickeln und Aussagen zu treffen, die man dann untersuchen kann.

Das Lernen im Labor

Die Chemie untersucht Materialien – also Feststoffe, Flüssigkeiten und Gase sowie winzige Atome, aus denen alles besteht. Wenn wir das Verhalten verschiedener Arten von Materie verstehen, sind wir in der Lage, neue Chemikalien und Materialien mit erstaunlichen Eigenschaften zu entwickeln.

Viele Energieformen sind an einem Gewitter beteiligt.

Beobachtung einer chemischen Reaktion unter dem Mikroskop.

Die Geheimnisse des Universums

Die Physik befasst sich mit der wissenschaftlichen Untersuchung von Energie, Kräften, Mechanik und Wellen. Energie umfasst Wärme, Licht und Elektrizität. Die Physik befasst sich außerdem mit der Struktur der Atome und der Funktionsweise des Universums. Selbst die Galaxien unterliegen den Gesetzen der Physik.

Schimpansen – eine von rund neun Millionen Arten von Lebewesen.

Das Leben auf der Erde

Die Naturgeschichte beschäftigt sich mit der Untersuchung von Lebewesen – den unzähligen Pflanzen, Tieren und anderen Geschöpfen, die heutzutage die Erde bewohnen oder in der Vergangenheit existierten. Sie untersucht, wie diese Organismen voneinander und von ihrer Umwelt beeinflusst werden. Sie befasst sich auch mit dem komplizierten Prozess der Evolution – dem allmählichen Wechsel von einer Generation zur nächsten.

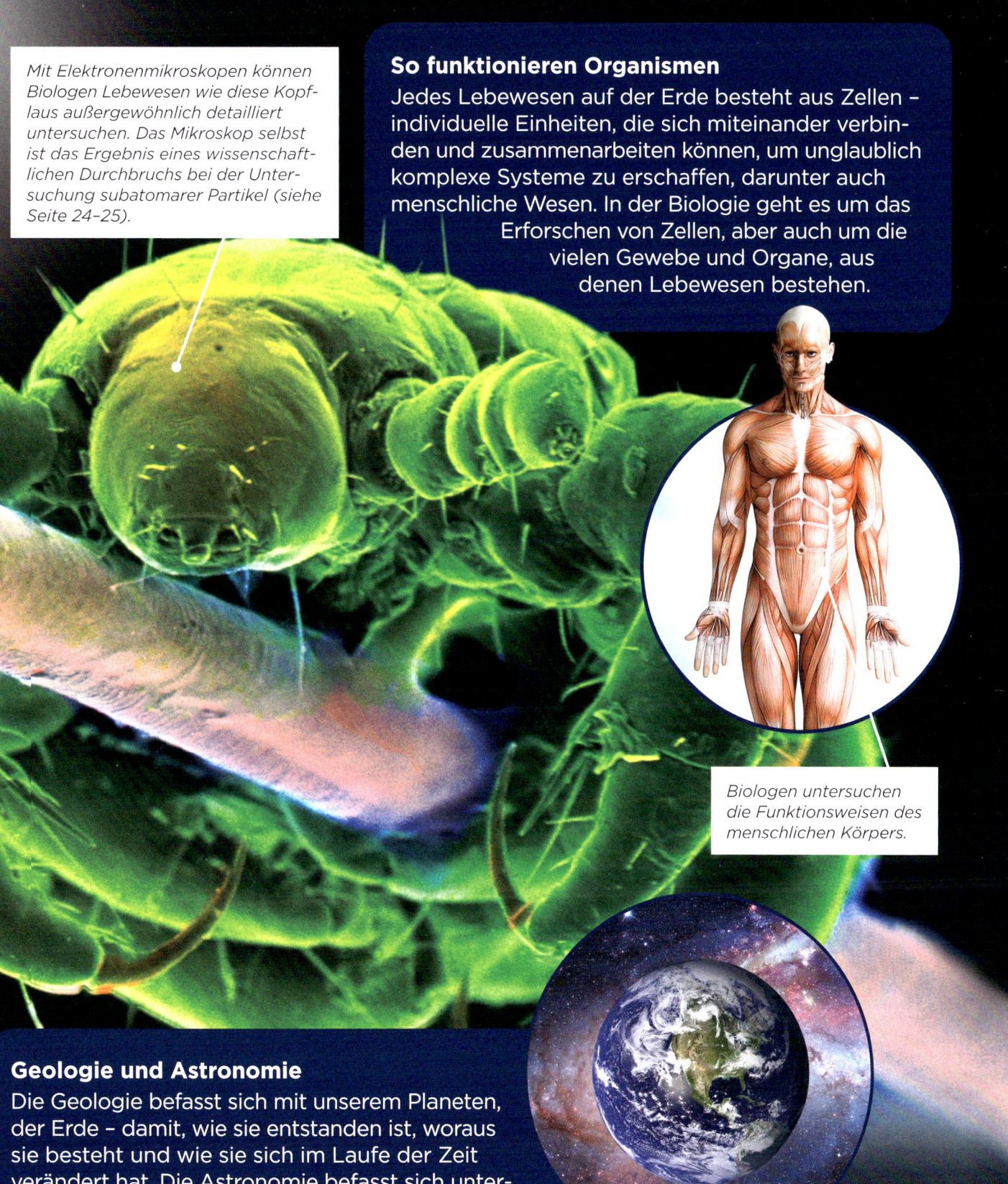

Mit Elektronenmikroskopen können Biologen Lebewesen wie diese Kopflaus außergewöhnlich detailliert untersuchen. Das Mikroskop selbst ist das Ergebnis eines wissenschaftlichen Durchbruchs bei der Untersuchung subatomarer Partikel (siehe Seite 24–25).

So funktionieren Organismen

Jedes Lebewesen auf der Erde besteht aus Zellen – individuelle Einheiten, die sich miteinander verbinden und zusammenarbeiten können, um unglaublich komplexe Systeme zu erschaffen, darunter auch menschliche Wesen. In der Biologie geht es um das Erforschen von Zellen, aber auch um die vielen Gewebe und Organe, aus denen Lebewesen bestehen.

Biologen untersuchen die Funktionsweisen des menschlichen Körpers.

Geologie und Astronomie

Die Geologie befasst sich mit unserem Planeten, der Erde – damit, wie sie entstanden ist, woraus sie besteht und wie sie sich im Laufe der Zeit verändert hat. Die Astronomie befasst sich unterdessen mit unserem Platz im Universum. Sie untersucht, wie sich die Erde, das Sonnensystem und andere Objekte im Weltraum verhalten – und auch, wie der Kosmos entstanden ist und wie er enden könnte.

Unser Planet, die Erde

AGGREGATZUSTÄNDE

Die Materie ist der Stoff, aus dem das Universum besteht. Sie setzt sich aus unzähligen winzigen Teilchen zusammen, die Atome und Moleküle genannt werden. Je nachdem, wie diese Teilchen sich anordnen und miteinander verbinden, nimmt die Materie eine von drei Formen an: fest, flüssig oder gasförmig. Diese Formen werden als Aggregatzustände bezeichnet.

Materialverbindungen

Feste Stoffe bestehen aus Teilchen, die durch starke, starre Verknüpfungen miteinander verbunden sind. Partikel in Flüssigkeiten haben lockere Bindungen, die ständig brechen und sich neu bilden. Gase sind sehr lockere Ansammlungen von Atomen oder Molekülen, die extrem schwache Bindungen haben. Die Stärke der Bindungen eines Materials beeinflusst seine Fähigkeit, seine Form zu behalten.

1. Verdunstung, Übergang vom flüssigen in den gasförmigen Aggregatzustand

2. Kondensation, Übergang vom gasförmigen in den flüssigen Aggregatzustand

3. Sublimation, Übergang vom festen in den gasförmigen Aggregatzustand

4. Deposition, Übergang vom gasförmigen in den festen Aggregatzustand

5. Erstarren (Gefrieren), Übergang vom flüssigen in den festen Aggregatzustand

6. Schmelzen, Übergang vom festen in den flüssigen Aggregatzustand

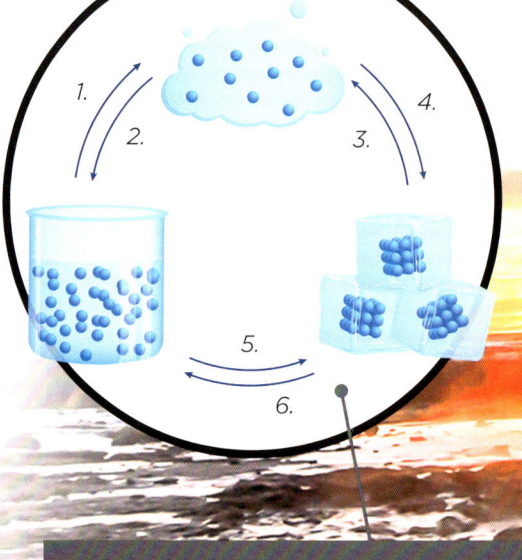

Wechselnde Aggregatzustände

Der Aggregatzustand eines Stoffes wird davon beeinflusst, wie viel Energie seine einzelnen Teilchen bewegen müssen, und diese Energie hängt von der Temperatur des Materials ab. Wenn man ein festes Material genügend erhitzt, löst man seine Bindungen und bringt es zum Schmelzen. Erwärmt man eine Flüssigkeit, so werden die Teilchen zum Sieden gebracht oder verdampfen zu einem Gas.

Wasser kann fest (Eis), flüssig oder gasförmig (Dampf) sein. Wenn es fest ist, behält es die gleiche Form, egal in welches Behältnis es gefüllt wird. Ist es flüssig, fließen seine Moleküle nach außen, um sich über Oberflächen zu verteilen. Dampf hingegen breitet sich aus, um seinen Behälter in alle Richtungen zu füllen.

Verschiedene Stoffe haben unterschiedliche Schmelz- und Siedepunkte. Der Schmelzpunkt von Gestein ist sehr hoch, sodass geschmolzene Lava schnell fest wird, wenn sie aus einem Vulkan ausbricht und beginnt, abzukühlen.

SCHON GEWUSST? Das Metall Quecksilber kommt gewöhnlich in flüssiger Form vor. Sein Gefrierpunkt liegt bei -38,8 °C und sein Siedepunkt bei 356,7 °C – beides die niedrigsten Werte unter allen Metallen.

Wenn der Dampf oben auf die kalte Luft trifft, kühlt er ab und verwandelt sich wieder in flüssige Wassertröpfchen.

Ein Geysir entsteht, wenn Materie plötzlich ihren Aggregatzustand ändert.

Wo immer sich das Wasser einen Weg durch Spalten an die Oberfläche bahnt, beginnt es plötzlich und heftig zu dampfen.

Unter der Erde erhitzt heißes Gestein flüssiges Wasser über den Siedepunkt hinaus, schließt es aber ein, sodass es sich nicht in Dampf verwandeln kann.

ERSTAUNLICHE ENTDECKUNG

Wissenschaftler: James Thomson
Entdeckung: Tripelpunkt (Dreiphasenpunkt) des Wassers
Zeit: 1873
Hintergrundinfo: Thomson war ein auf Wassertransport spezialisierter Ingenieur. Er zeigte, dass reines Wasser bei einem bestimmten Druck und einer bestimmten Temperatur – und zwar 0,01 °C – als Feststoff, Flüssigkeit und Wasserdampf nebeneinander bestehen kann.

FESTKÖRPER

Die meisten Objekte bestehen aus Festkörpern. Die Atome oder Moleküle, aus denen sich ein Festkörper zusammensetzt, werden sehr stark zusammengehalten. Es gibt viele sehr unterschiedliche Feststoffe, aber sie alle haben bestimmte Eigenschaften gemeinsam.

Eigenschaften von Festkörpern

In einigen Festkörpern bilden die Atome gleichmäßige Muster, die als Kristalle bezeichnet werden. In anderen Festkörpern – z.B. Polyethylen – verbinden sich die Atome eher ungeordnet. Einige dieser gestaltlosen Festkörper können ihre Form durch Ausdehnung verändern – diese Eigenschaft nennt man Duktilität.

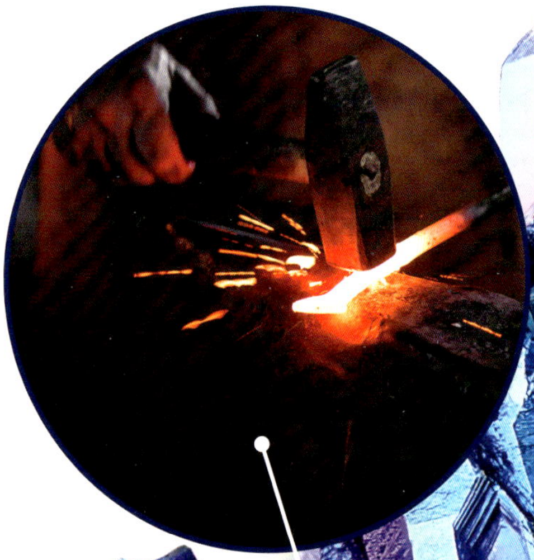

Die Form eines Kristalls hängt von der Anordnung der Atome im Inneren ab. Sein Farbton hängt von den beteiligten Elementen ab.

Kristalle wie dieser Quarz entstehen durch langsames Anlagern neuer Atome an den äußeren Rändern einer wachsenden Struktur.

Das Metall Eisen ist dehnbar. Ist es heiß, kann es in Form geschlagen oder gehämmert werden.

Im Innern der Kristalle können Atome in Würfeln, Sechsecken, Pyramiden oder Rauten angeordnet sein.

SCHON GEWUSST? Wolfram, das in Hochleistungsflugzeugen verwendet wird, hat den höchsten Schmelzpunkt aller Metalle. Es bleibt bis zu erstaunlichen 3414 ˚C fest.

Wärme leiten

Feststoffe reagieren unterschiedlich auf Erwärmung. Einige von ihnen, darunter viele Metalle, transportieren die Wärme schnell von einem Atom zum nächsten. Sie werden als Leiter bezeichnet. Andere, wie Holz oder Kunststoff, geben die Wärme nicht weiter. Diese nennt man Isolatoren.

In der Natur benötigen große Kristalle Millionen von Jahren, um zu wachsen. Diese Quarzkristalle wurden in nur wenigen Stunden künstlich gezüchtet.

Eine Metallpfanne leitet Wärme schnell durch ihren Boden an das Essen im Inneren weiter. Ein Holz-löffel (in diesem Wärmebild lila und kühl) isoliert jedoch die Hand des Kochs von der Hitze.

ERSTAUNLICHE ENTDECKUNG

Wissenschaftler: Metallarbeiter aus dem Gebiet der heutigen Türkei
Entdeckung: Stahl
Zeit: etwa 2000 v. Chr.
Hintergrundinfo: Damals stellten Metallarbeiter fest, dass das Hinzufügen anderer Materialien zu einem Metall eine Legierung schuf, die nützlicher war als das reine Metall. So erzeugten sie zum Beispiel durch das Hinzufügen von Holzkohle besonders starken Stahl.

FLÜSSIGKEITEN UND GASE

Die meisten Stoffe sind nur in einem engen Temperaturbereich, zwischen ihrem Fest- und Gaszustand, flüssig. Atome oder Moleküle in Flüssigkeiten sind lockerer gebunden als solche in Festkörpern. In Gasen sind ihre Bindungen noch schwächer.

Bewegliche Teilchen

In der Wissenschaft benutzt man den Begriff „Fluid", um eine Flüssigkeit zu beschreiben. Er bezeichnet aber neben Flüssigkeiten auch Gase, da deren Teilchen mehr oder weniger frei fließen können. Wassermoleküle bewegen sich sehr frei, aber diejenigen in Sirup sind starrer. Langsam fließende, dicke Flüssigkeiten werden als „viskos" bezeichnet.

Spezielle Fototechniken machen sichtbar, wie die Moleküle in Gasen oder Flüssigkeiten sich ständig bewegen – zum Beispiel bei diesem Husten.

Gasgesetze

Gase dehnen sich aus, um den verfügbaren Raum auszufüllen. Wenn das Gas eingeschlossen ist, prallen seine Moleküle an den Wänden des Behälters ab und erzeugen Druck. Die Erwärmung eines Gases beschleunigt die Bewegung seiner Moleküle und erhöht den Druck. Wenn Luft in einen Fahrradreifen gepumpt wird, erhöht sich der Druck des Gases im Inneren, ebenso wie seine Temperatur.

Bei kühlerem Wetter verlangsamen sich die Gasmoleküle im Reifen. Der Druck sinkt und der Reifen entleert sich. Er muss wieder aufgepumpt werden.

SCHON GEWUSST? Festes Kohlenstoffdioxid, auch Trockeneis genannt, kann sich direkt von einem Feststoff in ein Gas verwandeln, ohne überhaupt eine flüssige Phase zu durchlaufen.

ERSTAUNLICHE ENTDECKUNG

Wissenschaftler: Daniel Bernoulli
Entdeckung: Bernoulli-Gleichung
Zeit: 1738
Hintergrundinfo: Der Schweizer Mathematiker Bernoulli entdeckte, dass Flüssigkeiten, die mit hoher Geschwindigkeit fließen, weniger Druck erzeugen als langsam fließende. Die Konstruktion eines Flugzeugflügels macht sich dieses Prinzip zunutze, um Auftrieb zu erzeugen – seine Form zwingt die Luft dazu, sich schnell zu bewegen, wenn sie die obere Fläche passiert.

Heißluftballons funktionieren, weil heiße Gase durch kältere aufsteigen. Das liegt daran, dass sich Wärme durch Flüssigkeiten mittels Wärmeströmung bewegt – ein Prozess, bei dem sich heiße Anteile der Substanz ausdehnen und in kältere Bereiche fließen.

Die Luft im Ballon ist wärmer und leichter als die Umgebungsluft, sodass der Ballon nach oben schwebt.

Die warmen Luftmoleküle dehnen sich aus und üben Druck auf die Innenwände des Ballons aus, sodass sie sich nach außen wölben.

DIE ELEMENTE

Elemente sind die grundlegendsten Substanzen. Sie bestehen aus winzigen identischen Teilchen, die Atome genannt werden, und sie können nicht mehr in einfachere Substanzen aufgespalten werden. Die Atome eines jeden Elements haben einzigartige Eigenschaften.

Eigenschaften, Gemische und Verbindungen

Es gibt insgesamt 118 Elemente. Davon kommen 94 in der Natur vor, 17 sind Nichtmetalle. Dazu gehören Kohlenstoff, Sauerstoff und Stickstoff. Die meisten anderen gehören zu den Metallen, abgesehen von sechs Metalloiden – Elemente, die sich manchmal wie Metalle und manchmal wie Nichtmetalle verhalten. Zwei oder mehr Elemente können sich miteinander vermischen, ohne dass sich ihre Atome verbinden. Hierbei handelt es sich um ein Gemisch. Sie können auch in einer chemischen Reaktion miteinander kombiniert werden, sodass sich ihre Atome miteinander verknüpfen. In diesem Fall spricht man von einer Verbindung.

Schwefel verbindet sich mit anderen Elementen, um chemische Verbindungen zu bilden. Wenn er sich mit Sauerstoff aus der Luft verbindet, entsteht Schwefeldioxid.

Dies ist ein Gemisch aus den Elementen Eisen und Schwefel. Ihre Atome haben sich nicht verbunden. Die Eisenatome sind magnetisch, aber die Schwefelatome allein sind es nicht. Dadurch lassen sie sich leicht von den Eisenatomen trennen, wenn ein Magnet in der Nähe ist.

Das ist Eisensulfid, eine Verbindung aus Eisen und Schwefel. Seine Atome können nicht getrennt werden, ohne die Verbindung zu lösen. Eisensulfid ist nicht magnetisch, daher wird keines seiner Atome vom Magneten angezogen.

Reiner Schwefel kann viele verschiedene Formen annehmen, je nachdem, wie sich seine Atome zu Kristallen verbinden.

SCHON GEWUSST? Sauerstoff ist das meist verbreitete Element auf der Erde. Das meiste davon ist in Gestein eingeschlossen – es macht 47 Prozent der Erdkruste aus.

Der Krater des äthiopischen Vulkans Dallol ist mit chemischen Verbindungen auf Schwefelbasis und verschiedenen Formen von reinem Schwefel bedeckt.

Atomverbindungen

Wenn sich Atome miteinander verbinden, bilden sie größere Teilchen, die Moleküle. Wie diese Bindungen zustande kommen, hängt davon ab, wie viele Teilchen, die Elektronen genannt werden, sie enthalten (siehe Seite 22). Bestimmte Elektronenzahlen sind stabiler als andere. Atome gewinnen oder teilen sich Elektronen, um diese stabilen Zahlen zu erreichen.

Ein Natrium-(Na)-Atom hat ein Elektron in seiner äußeren Schale. Ein Chlor-(Cl)-Atom hat Platz für ein weiteres. Wenn sie sich zu Natriumchlorid (NaCl), also Salz verbinden, gibt das Natrium sein äußeres Elektron an das Chlor ab.

Wenn sich zwei Chlor-(Cl)-Atome zu einem Chlormolekül verbinden, teilen sie sich ein Elektronenpaar. Nun hat die äußere Schale jedes Chloratoms eine stabilere Anzahl von Elektronen.

Wissenschaftler: John Dalton
Entdeckung: Atomtheorie
Zeit: 1803
Hintergrundinfo: Dalton erklärte, dass alle Materie aus Atomen besteht und dass die Atome eines bestimmten Elements die gleichen Eigenschaften haben. Er beschrieb auch, wie Verbindungen durch eine Kombination von zwei oder mehr Arten von Atomen gebildet werden.

ERSTAUNLICHE ENTDECKUNG

DAS PERIODENSYSTEM

Das Periodensystem ist eine Möglichkeit, die Eigenschaften aller 118 Elemente aufzuzeigen, die bisher entdeckt worden sind. Damit können Chemiker vorhersagen, welche Eigenschaften ein Element hat – weil sie wissen, wo es sich in der Tabelle befindet.

Die Darstellung des Periodensystems spiegelt die Anordnung der Elektronen innerhalb der Atome wider. Elektronen sind die subatomaren Teilchen, die chemische Reaktionen zwischen Elementen steuern.

Perioden und Gruppen

Die Elemente sind in sieben Zeilen nach steigender Ordnungszahl – der Anzahl der Protonen im Atomkern eines Elements – angeordnet. Diese Zeilen werden als Perioden bezeichnet. Elemente, die ähnliche Eigenschaften aufweisen, sind in Spalten angeordnet, die man Gruppen nennt. Von ihnen gibt es 18.

Atome neigen dazu, in jeder Periode (Zeile) von links nach rechts und in jeder Gruppe (Spalte) von oben nach unten schwerer zu werden.

16 32,065
S
Schwefel

- Atommasse
- Ordnungszahl
- Symbol
- Name

Legende

- Alkalimetalle
- Erdalkalimetalle
- Übergangsmetalle
- Basismetalle
- Halbmetalle
- Nichtmetalle
- Halogene
- Edelgase
- Lanthanoide
- Actinoide

1								
1 1,00794 **H** 1 Wasserstoff	2							
3 6,941 **Li** Lithium	4 9,012182 **Be** Beryllium							
11 22,98977 **Na** Natrium	12 24,3050 **Mg** Magnesium	3	4	5	6	7	8	9
19 39,0983 **K** Kalium	20 40,078 **Ca** Calcium	21 44,95591 **Sc** Scandium	22 47,867 **Ti** Titan	23 50,9415 **V** Vanadium	24 50,9415 **Cr** Chrom	25 54,93804 **Mn** Mangan	26 55,845 **Fe** Eisen	27 58,93319 **Co** Cobalt
37 85,4678 **Rb** Rubidium	38 87,62 **Sr** Strontium	39 88,90585 **Y** Yttrium	40 91,224 **Zr** Zirconium	41 92,90638 **Nb** Niob	42 95,96 **Mo** Molybdän	43 (98) **Tc** Technetium	44 101,07 **Ru** Ruthenium	45 102,9055 **Rh** Rhodium
55 132,9054 **Cs** Cäsium	56 137,327 **Ba** Barium	57-71	72 178,49 **Hf** Hafnium	73 180,9478 **Ta** Tantal	74 183,85 **W** Wolfram	75 186,207 **Re** Rhenium	76 190,23 **Os** Osmium	77 192,217 **Ir** Iridium
87 223,020 **Fr** Francium	88 226,025 **Ra** Radium	89-103	104 (261) **Rf** Rutherfordium	105 (262) **Db** Dubnium	106 (266) **Sg** Seaborgium	107 (264) **Bh** Bohrium	108 (269) **Hs** Hassium	109 (268) **Mt** Meitnerium

Da es nicht genug Platz für alle Elemente der 3. Gruppe in Periode 6 gibt, stehen sie hier:

57 138,9054 **La** Lanthan	58 140,116 **Ce** Cer	59 140,9076 **Pr** Praseodym	60 144,242 **Nd** Neodym	61 (145) **Pm** Promethium	62 150,36 **Sm** Samarium

Da es nicht genug Platz für alle Elemente der 3. Gruppe in Periode 7 gibt, stehen sie hier:

89 277,028 **Ac** Actinium	90 232,0381 **Th** Thorium	91 231,03588 **Pa** Protactinium	92 238,0289 **U** Uran	93 237,048 **Np** Neptunium	94 (244) **Pu** Plutonium

SCHON GEWUSST? Oganesson, das schwerste Element, besitzt Atome, die so instabil sind, dass sie sich in weniger als einer tausendstel Sekunde auflösen.

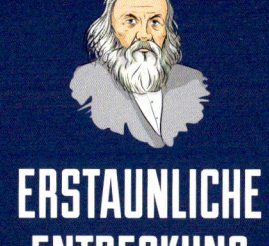

ERSTAUNLICHE ENTDECKUNG

Wissenschaftler: Dmitri Mendelejew
Entdeckung: Das Periodensystem
Zeit: 1869
Hintergrundinfo: Mendelejew war einer der ersten Chemiker, der sich wiederholende Muster in der Chemie von Elementen mit unterschiedlichen Massen entdeckte. Dies ermöglichte es ihm, das erste Periodensystem zu erstellen und die Entdeckung und Eigenschaften neuer Elemente vorherzusagen.

Die Elemente der Gruppe 18 werden als Edelgase bezeichnet und sind nicht reaktionsfähig – sie haben alle eine vollständige Elektronenschale.

Alle Elemente einer Gruppe haben die gleiche Anzahl von Elektronen in ihrer äußeren Hülle.

Neue Elemente

Wissenschaftler können neue Elemente in speziellen Kernreaktoren herstellen. Sie beschießen die zentralen Kerne der schwersten Elemente mit zusätzlichen Teilchen. Mehr als 20 neue Elemente sind auf diese Weise hergestellt worden, aber sie sind alle instabil und fallen nach kurzer Zeit zusammen. Deshalb kommen sie nicht in der Natur vor.

			13	14	15	16	17	18
								2	18,998403
								He Helium
			5	10,811	6	12,0107	7	14,007	8	15,9994	9	18,998403	10	20,180
			B Bor	**C** Kohlenstoff	**N** Stickstoff	**O** Sauerstoff	**F** Fluor	**Ne** Neon
10	11	12	13	26,98153	14	28,0855	15	30,974	16	32,065	17	35,453	18	39,948
			Al Aluminium	**Si** Silicium	**P** Phosphor	**S** Schwefel	**Cl** Chlor	**Ar** Argon
28	58,6934	29	63,546	30	65,38	31	69,723	32	72,64	33	74,922	34	78,96	35	79,904	36	84,80
Ni Nickel	**Cu** Kupfer	**Zn** Zink	**Ga** Gallium	**Ge** Germanium	**As** Arsen	**Se** Selen	**Br** Brom	**Kr** Krypton
46	106,42	47	107,8682	48	112,441	49	114,818	50	118,710	51	121,760	52	127,60	53	126,9044	54	131,92
Pd Palladium	**Ag** Silber	**Cd** Cadmium	**In** Indium	**Sn** Zinn	**Sb** Antimon	**Te** Tellur	**I** Iod	**Xe** Xenon
78	195,084	79	195,084	80	200,59	81	204,3833	82	207,2	83	208,980	84	(210)	85	(210)	86	(220)
Pt Platin	**Au** Gold	**Hg** Quecksilber	**Tl** Thallium	**Pb** Blei	**Bi** Bismut	**Po** Polonium	**At** Astat	**Rn** Radon
110	(271)	111	(272)	112	(285)	113	(284)	114	(289)	115	(288)	116	(292)	117		118	(294)
Ds Darmstadtium	**Rg** Roentgenium	**Cn** Copernicium	**Nh** Nihonium	**Fl** Flerovium	**Mc** Moscovium	**Lv** Livermorium	**Ts** Tenness	**Og** Oganesson

63	151,965	64	157,25	65	158,92534	66	162,50	67	164,9303	68	167,26	69	168,93421	70	173,04	71	174,967
Eu Europium	**Gd** Gadolinium	**Tb** Terbium	**Dy** Dysprosium	**Ho** Holmium	**Er** Erbium	**Tm** Thulium	**Yb** Ytterbium	**Lu** Lutetium

95	(243)	96	(247)	97	(247)	98	(251)	99	(252)	100	(257)	101	(258)	102	(259)	103	(260)
Am Americium	**Cm** Curium	**Bk** Berkelium	**Cf** Californium	**Es** Einsteinium	**Fm** Fermium	**Md** Mendelevium	**No** Nobelium	**Lr** Lawrencium

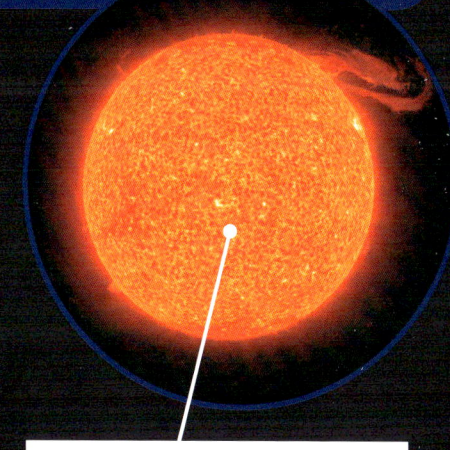

Physiker erzeugen neue Elemente mittels Kernfusion – dem gleichen Prozess, bei dem Elemente im Inneren der Sonne kombiniert werden.

GESTEIN UND MINERALIEN

Die meisten Elemente der Erde sind von Natur aus in komplexen chemischen Molekülen eingeschlossen. Diese bilden feste Substanzen (Mineralien), die schöne Kristallstrukturen aufweisen können. Die meisten Gesteine bestehen aus einer Mischung verschiedener Mineralien. Einige Elemente, wie z. B. Gold, ziehen es vor, sich nicht mit anderen Elementen zu verbinden, sodass sie in der Natur in reiner Form gefunden werden können.

Elemente in der Erde

Das Gestein, aus dem die dünne äußere Erdkruste besteht, enthält meist nur einige wenige, relativ leichte Elemente. Die Hauptelemente in der felsigen Kruste sind Sauerstoff (47 %), Silicium (28 %), Aluminium (8 %), Eisen (5 %) und Calcium (3,5 %).

Mineralmoleküle verbinden sich zu Kristallen. Dieser Achat (eine Form von Siliciumdioxid) enthält Kristalle in verschiedenen Größenordnungen, von denen einige zu klein sind, um wahrgenommen zu werden.

Gold bildet keine Mineralien. Diese Bergleute gewinnen es in seiner Reinheit aus „Adern" im Gestein.

Die meisten nützlichen Elemente kommen als chemische Verbindungen in Mineralien vor. Sobald sie abgebaut sind, verwenden wir chemische Prozesse, um diese Elemente zu extrahieren.

SCHON GEWUSST? Fast alle Gesteine und Mineralien auf der Erde sind aus flüssiger Lava entstanden, die aus Vulkanen ausbrach. Die einzige Ausnahme sind Meteoriten – Gesteine, die aus dem Weltraum stammen.

Elemente extrahieren

Mineralien, die nützliche Metalle enthalten, werden Erze genannt. Sie liegen oft in Form eines Oxids vor – einer Verbindung von einem Metall mit Sauerstoff. Wenn das Erz mit einer anderen Chemikalie, einem sogenannten Reduktionsmittel, erhitzt wird, kommt es zu einer chemischen Reaktion, die den Sauerstoff herauslöst. Dadurch wird das Metall freigesetzt.

Eisen wird aus Eisenerz gewonnen, indem es mit Koks, einer Form des Elements Kohlenstoff, erhitzt wird. Der Koks saugt Sauerstoff an und setzt das geschmolzene Eisen frei.

Sauerstoff kommt in den Gesteinen der Erde am häufigsten vor. Mineralien, die auf Sauerstoff basieren, werden Oxide genannt.

ERSTAUNLICHE ENTDECKUNG

Wissenschaftler: Metallarbeiter im antiken Mesopotamien (heute Irak)
Entdeckung: Bronze
Zeit: 2800 v. Chr.
Hintergrundinfo: Die Urmenschen stellten Werkzeuge aus reinen, in der Natur vorkommenden Metallen her. Metallarbeiter in der antiken Stadt Ur entdeckten, dass die Kombination von Zinn und Kupfer Bronze ergibt – eine Legierung, die härter und stärker ist als beide Metalle in Reinform.

CHEMIE IN VOLLEM GANGE

Chemische Reaktionen ordnen Atome und Moleküle neu an, um neue Substanzen zu schaffen. Die Stoffe, die am Anfang einer chemischen Reaktion stehen, werden Reaktanten genannt. Während der Reaktion brechen ihre Teilchen auseinander, verbinden sich miteinander oder tauschen ihre Plätze. Sie erzeugen eine neue Reihe von Substanzen, die als Produkte bezeichnet werden.

So laufen Reaktionen ab

Alle chemischen Reaktionen nehmen Energie auf oder geben sie ab, oft in Form von Wärme, Licht oder Schall. Die Verbrennung ist eine explosive Reaktion, die mehr Energie erzeugt als sie aufnimmt. Ein Katalysator ist eine Substanz, die eine Reaktion beschleunigt, ohne Energie zu verbrauchen und ohne sich selbst zu verändern.

Bei der Elektrolyse wird elektrische Energie verwendet, um eine Reaktion zu erzeugen. Elektrischer Strom wird durch eine Lösung geleitet, die gelöste Teilchen der Reaktanten enthält.

1. Chemikalien zerfallen in positiv und negativ geladene Teilchen, die als Ionen bezeichnet werden.

2. Die negative Elektrode ist eine Elektronenquelle.

3. Positive Ionen verbinden sich mit Elektronen zu Atomen.

4. Die positive Elektrode zieht Elektronen an.

5. Negative Ionen geben Elektronen ab, um Atome zu bilden.

Die Verbrennung wird für Feuerwerkskörper verwendet. Schießpulver reagiert mit dem Sauerstoff in der Luft und erzeugt intensive Hitze und helles Licht. Durch die Zugabe von Metallsalzen werden unterschiedliche Effekte erzielt: Strontiumcarbonat erzeugt rote Feuerwerkskörper, Bariumchlorid grüne und Calciumchlorid orangefarbene.

Organische Chemie

Die Struktur der Kohlenstoffatome ermöglicht es ihnen, vier starke chemische Bindungen zu bilden – die meisten von allen gewöhnlichen Elementen. Deshalb verbindet sich Kohlenstoff mit sich selbst und anderen Atomen zu vielen verschiedenen und komplexen Molekülen. Diese Moleküle werden als organische Moleküle oder organische Chemikalien bezeichnet. Zu diesen Molekülen gehören die Bausteine des Lebens selbst.

SCHON GEWUSST? Das Backen eines Kuchens ist an chemische Reaktionen gebunden. Hitze hilft dem Backpulver, Gasblasen zu erzeugen, sodass der Kuchen aufgeht. Außerdem verändert die Hitze das Protein im Ei, sodass der Kuchen fest wird.

Meerwasser ist eine chemische Lösung – eine Mischung aus reinem Wasser mit schwimmenden Molekülen aus verschiedenen chemischen Verbindungen.

Chemische Reaktionen tragen zur Entstehung künstlicher Riffe bei. Das „Biorock" bildet sich, wenn eine Reaktion das Gesteinsmineral Calciumcarbonat an Gegenstände – in diesem Fall Fahrräder – anzieht.

Der Biorock-Prozess wird durch eine Elektrolyse gestartet, bei der ein kleiner elektrischer Strom durch das Wasser geleitet wird.

Korallen beginnen mit der Bildung von Calciumcarbonat zu wachsen. Schon bald werden andere Riffkreaturen hinzukommen.

ERSTAUNLICHE ENTDECKUNG

Wissenschaftler: Mikhail Lomonossow, Antoine de Lavoisier (links)
Entdeckung: Chemisches Gleichgewicht
Zeit: 1748–1774
Hintergrundinfo: Die Chemiker Lomonossow und de Lavoisier zeigten, dass die Gesamtmasse der vor und nach einer chemischen Reaktion vorhandenen Stoffe (einschließlich der freigesetzten Gase) gleich ist. Dies überzeugte spätere Chemiker davon, dass Reaktionen die Neuordnung fester Atomzahlen beinhalten.

ELEKTRISCHE EIGENSCHAFTEN

Elektrizität ist eine Energieform. Jedes Atom weist in seinen Teilchen ein Gleichgewicht der elektrischen Ladung auf – positive Ladung in seinen Protonen und negative in seinen Elektronen. Wenn ein Atom Elektronen gewinnt oder verliert, sind diese Ladungen nicht mehr im Gleichgewicht. Das Objekt ist dann elektrisch geladen.

Leiter, Ströme und Schaltkreise

Ein elektrisch geladenes Objekt hat ein elektromagnetisches Feld um sich herum, das andere geladene Objekte anzieht oder abstößt. Elektrizität fließt, wenn sich Elektronen oder andere geladene Teilchen bewegen. Materialien, die Elektrizität durch sich fließen lassen, werden als elektrische Leiter bezeichnet. Die meisten Metalle sind gute Leiter. Ladung, die durch einen Leiter fließt, wird als elektrischer Strom bezeichnet. Ein elektrischer Schaltkreis ist eine Schleife aus leitendem Draht, die Strom durch Komponenten mit unterschiedlichen Funktionen leitet.

Wenn ein Schalter geschlossen wird, um den Schaltkreis zu schließen, fließt Strom. Dieser Strom erhitzt den Draht in der Lampe, sodass er glüht.

Die Schienen der Magnetschwebebahn bestehen aus sehr leistungsfähigen elektrischen Leitern, die als Supraleiter bezeichnet werden.

Eine Magnetschwebebahn schwebt über den Schienen, angehoben durch die Abstoßungskraft zwischen Supraleitern und Magneten.

Im Englischen nennt man die Schwebebahn „Maglev" (kurz für: magnetic levitation), was „magnetisches Schweben" bedeutet.

SCHON GEWUSST? Bei Elektrizität aus Batterien handelt es sich um Gleichstrom – er fließt in eine Richtung. Elektrische Steckdosen liefern Wechselstrom, der die Richtung viele Male pro Sekunde ändert.

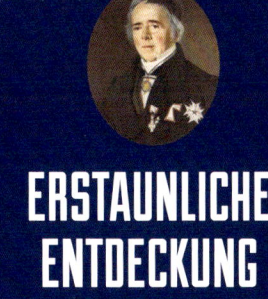

Wissenschaftler: Hans-Christian Ørsted
Entdeckung: Elektromagnetische Felder
Zeit: 1820
Hintergrundinfo: Der dänische Physiker Ørsted entdeckte, dass das Ein- und Ausschalten eines elektrischen Stroms die Nadel eines nahe gelegenen Magnetkompasses zum Flackern brachte. Dies war der erste Beweis dafür, dass wechselnde Ströme wechselnde Magnetfelder um sich herum erzeugen.

ERSTAUNLICHE ENTDECKUNG

Stromversorgung

Elektrizität aus Kraftwerken wird über ein Netz von Kabeln transportiert. Der Strom fließt mit hoher Spannung, um zu verhindern, dass auf seinem Weg zu viel Strom verloren geht. Geräte, die Transformatoren genannt werden, erhöhen die Spannung, wenn der Strom das Kraftwerk verlässt, und reduzieren sie dann auf ein sicheres Niveau, bevor er in unsere Häuser, Schulen und Fabriken gelangt.

Die Transformatoren in diesem Umspannwerk wandeln Hochspannungsstrom in geeignete niedrigere Spannungen um. Haushalte benötigen Niederspannungsstrom, während Eisenbahnen Hochspannung benötigen.

Spulen aus leitendem Draht im Gleis erzeugen ein elektromagnetisches Feld, das den Zug vorwärts schiebt.

Magnetschwebebahnen wie diese in Shanghai können Geschwindigkeiten von bis zu 430 km/h erreichen.

DAS INNERE EINES ATOMS

Atome sind die Bausteine aller Gegenstände und die kleinste existierende Menge eines einzelnen Elements. Aber jedes Atom besteht aus noch kleineren Teilchen. Zusammen bilden diese subatomaren Teilchen – Protonen, Neutronen und Elektronen – die Gesamtstruktur des Atoms.

Die Eigenschaften der Teilchen

Subatomare Teilchen haben besondere Eigenschaften. Protonen haben fast so viel Masse wie ein Wasserstoffatom und besitzen eine positive elektrische Ladung. Neutronen haben eine ähnliche Masse, aber keine elektrische Ladung. Elektronen haben eine deutlich geringere Masse als die anderen Teilchen und sind negativ geladen.

Dieses erstaunliche Foto zeigt Spuren, die subatomare Teilchen auf ihrem Weg durch die Flüssigkeit hinterlassen haben. Wissenschaftler lassen Atome aufeinanderprallen, um subatomare Teilchen zu erzeugen (siehe Seite 82–83).

Die positive Ladung der Protonen (rot) im Atomkern wird in der Regel durch die negative Ladung der um ihn kreisenden Elektronen (blau) ausgeglichen. Die Masse des Atoms ergibt sich aus einer Kombination von Protonen und Neutronen (weiß).

Teilchen folgen je nach ihrer Masse und elektrischen Ladung unterschiedlichen Bahnen.

SCHON GEWUSST? Wenn ein Wasserstoffatom (das simpelste Element) auf die Größe eines Fußballstadions gebracht würde, wäre sein zentraler Kern nicht größer als eine Erbse.

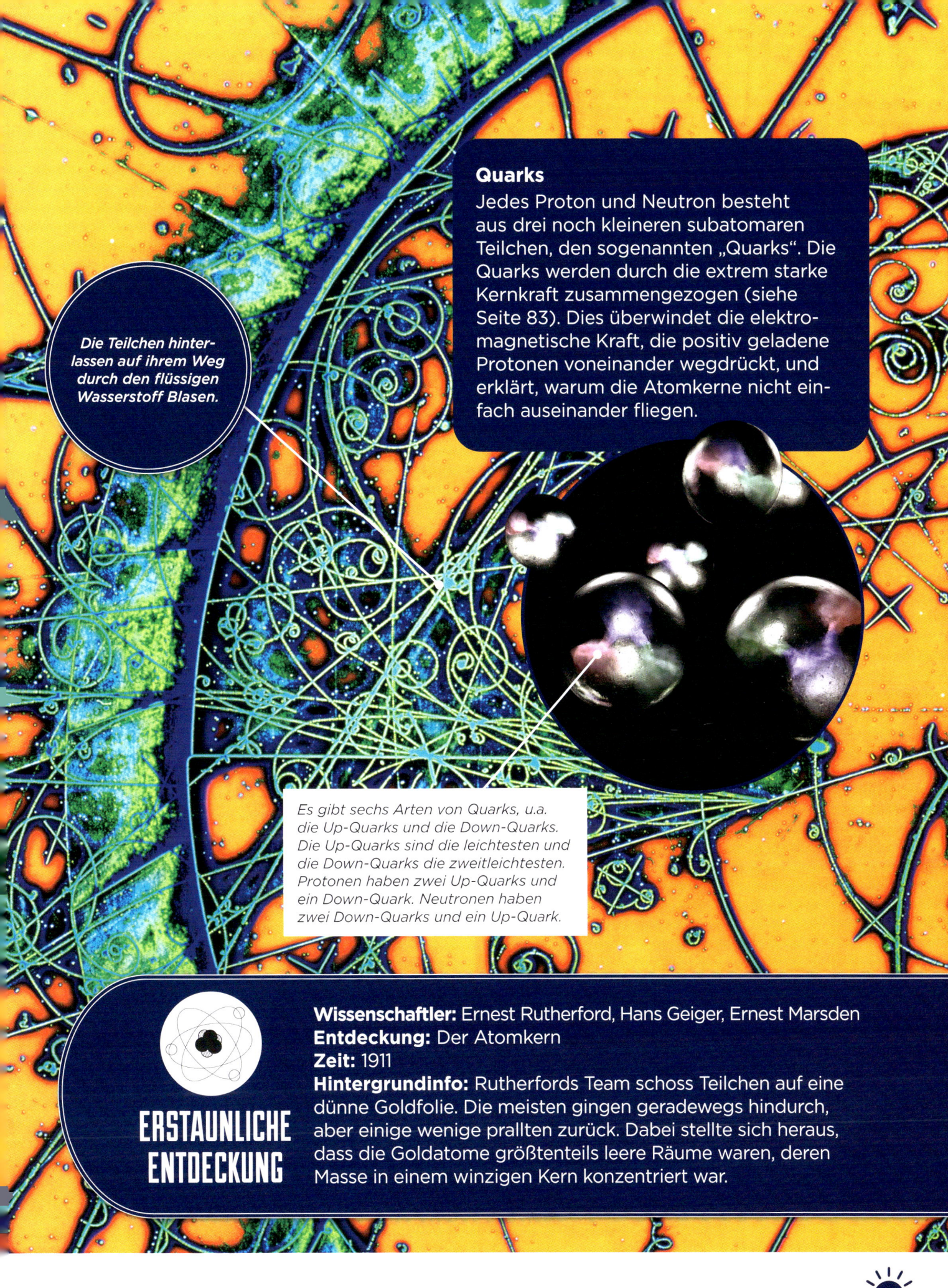

Quarks

Jedes Proton und Neutron besteht aus drei noch kleineren subatomaren Teilchen, den sogenannten „Quarks". Die Quarks werden durch die extrem starke Kernkraft zusammengezogen (siehe Seite 83). Dies überwindet die elektromagnetische Kraft, die positiv geladene Protonen voneinander wegdrückt, und erklärt, warum die Atomkerne nicht einfach auseinander fliegen.

Die Teilchen hinterlassen auf ihrem Weg durch den flüssigen Wasserstoff Blasen.

Es gibt sechs Arten von Quarks, u.a. die Up-Quarks und die Down-Quarks. Die Up-Quarks sind die leichtesten und die Down-Quarks die zweitleichtesten. Protonen haben zwei Up-Quarks und ein Down-Quark. Neutronen haben zwei Down-Quarks und ein Up-Quark.

ERSTAUNLICHE ENTDECKUNG

Wissenschaftler: Ernest Rutherford, Hans Geiger, Ernest Marsden
Entdeckung: Der Atomkern
Zeit: 1911
Hintergrundinfo: Rutherfords Team schoss Teilchen auf eine dünne Goldfolie. Die meisten gingen geradewegs hindurch, aber einige wenige prallten zurück. Dabei stellte sich heraus, dass die Goldatome größtenteils leere Räume waren, deren Masse in einem winzigen Kern konzentriert war.

QUANTENPHYSIK

Materie auf gewöhnlichen Skalen neigt dazu, sich auf leicht vorhersehbare Weise zu verhalten. Wir brauchen ein ganz anderes Regelwerk, die so genannte Quantenphysik, um Materie auf den allerkleinsten Skalen zu beschreiben. Sie hilft uns zu erahnen, wie sich Atome und subatomare Teilchen verhalten werden.

Wellen oder Teilchen?

Der Schlüssel zur Quantenphysik ist eine seltsame Idee namens Welle-Teilchen-Dualismus. Sehr kleine Teilchen verhalten sich manchmal wie Wellen und wir können nicht alle ihre Eigenschaften gleichzeitig genau messen. Wenn wir also die Geschwindigkeit eines Teilchens messen, können wir seine Position nicht genau bestimmen, und wenn wir seine Position bestimmen, verlieren wir seine Geschwindigkeit aus den Augen.

Auf der Quantenphysik basiert das Elektronenmikroskop, mit dem wir winzige Lebewesen in großer Detailgenauigkeit betrachten können.

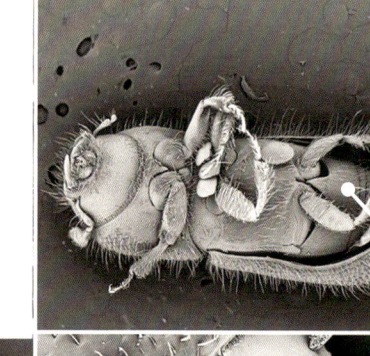
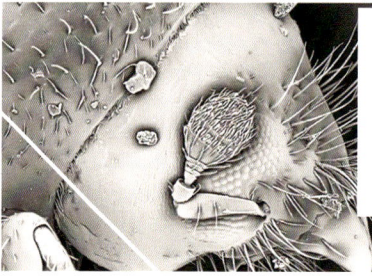
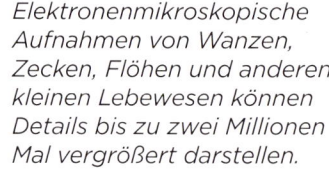

Elektronenmikroskopische Aufnahmen von Wanzen, Zecken, Flöhen und anderen kleinen Lebewesen können Details bis zu zwei Millionen Mal vergrößert darstellen.

Ein Atom kann als Teilchen oder als Welle betrachtet werden. Die kleinsten Teilchen (oben) haben relativ lange Wellenlängen, während größere Teilchen (unten) viel kürzere Wellenlängen haben.

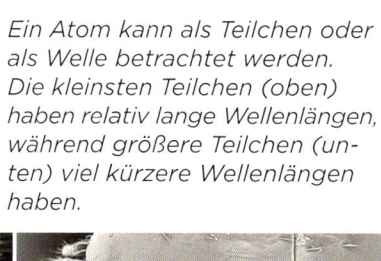
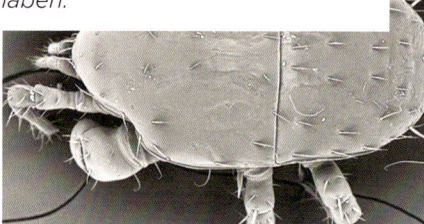
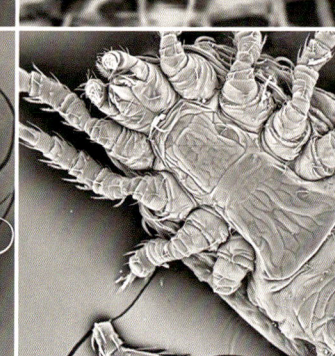

SCHON GEWUSST? Eine Elektronenwelle hat eine Wellenlänge, die 300- bis 500-mal kleiner ist, als die einer Lichtwelle.

Wissenschaftler: Louis de Broglie, Erwin Schrödinger (links)
Entdeckung: Welle-Teilchen-Dualismus
Zeit: 1924–1926
Hintergrundinfo: 1924 kam de Broglie zu dem Schluss, wenn sich Lichtwellen wie Teilchen verhalten können, dann könnten sich vielleicht auch kleine Teilchen wie Wellen verhalten. Zwei Jahre später erarbeitete Schrödinger eine Gleichung zur Beschreibung dieser Wellen.

Elektronen haben viel kürzere Wellenlängen als Lichtwellen, sodass sie genauere Details erkennbar machen.

Quantenphysik und die Alltagswelt

Es gibt viele Ungewissheiten in der Quantenphysik, aber von der Frage, wie Sterne leuchten, bis zur Frage, wie Pflanzen aus Sonnenlicht Energie gewinnen, gibt sie uns auch viele Antworten. Viele Technologien beruhen auf unserem Verständnis, dass sich subatomare Teilchen auch als Wellen verhalten können, darunter Kernkraft, Sonnenkollektoren, moderne Elektronik und Laser.

Laser sind intensive Lichtstrahlen. Sie werden erzeugt, indem Atome mit elektrischer Energie derart angefüllt werden, dass sie schnelle Ausbrüche von Photonen (Lichtwellen) erzeugen.

REICHE DES LEBENS

Unser Planet ist die Heimat von fast neun Millionen Arten von Lebewesen. Sie reichen von winzigen Bakterien bis zu Blauwalen und vom Menschen bis zu riesigen Mammutbäumen. Biologen gruppieren Arten, die gemeinsame Merkmale aufweisen, zu einer Art „Baum des Lebens". Sie gliedern die Lebewesen in fünf Reiche: Tiere, Pflanzen, Pilze, Prokaryoten (Bakterien und Blaualgen) und Protoctisten (wie Amöben).

Eine große Familie

Alle Lebewesen stammen von einem einzigen gemeinsamen Vorfahren ab – einem einfachen Organismus, der vor etwa vier Milliarden Jahren lebte. Die Nachkommen dieses Organismus fanden verschiedene Wege, um zu überleben. Sie entwickelten sich im Laufe der Zeit zu den Millionen von Arten, die heute auf der Erde leben.

Bakterien nutzen chemische Reaktionen und Zellteilung, um zu überleben und sich selbst zu kopieren. Der erste lebende Organismus tat dies auch.

Was ist eine Spezies?

Lebewesen gehören zur selben Art, wenn sie sich miteinander fortpflanzen und Nachkommen produzieren können, die sich ebenfalls fortpflanzen können. Das zu testen, ist nicht immer möglich, aber Wissenschaftler können stattdessen nach gemeinsamen Genen oder Körpermerkmalen suchen.

Hunde gibt es in einer erstaunlichen Vielfalt von Formen und Größen, aber sie sind eine einzige Art. Da ihre Gene fast identisch sind, können sich verschiedene Rassen paaren und Welpen bekommen.

SCHON GEWUSST? Wissenschaftler schätzen, dass etwa 99% aller Arten, die jemals gelebt haben, heute ausgestorben sind.

ERSTAUNLICHE ENTDECKUNG

Wissenschaftler: Carl von Linné
Entdeckung: Nomenklatur (Verzeichnis von Lebewesen)
Zeit: 1735
Hintergrundinfo: Der schwedische Wissenschaftler Linné erfand ein Zwei-Namen-System, um jedes Lebewesen nach seiner Gattung und Art zu klassifizieren (z. B. *Homo sapiens* für den modernen Menschen). Dies war der erste Schritt zur Gruppierung der Arten in einem Lebensbaum.

Wissenschaftler fassen jede Gruppe eng verwandter Arten zu einer Gattung zusammen. Verwandte Gattungen werden in Familien, Familien in Ordnungen, Ordnungen in Klassen, Klassen in Stämme und Stämme in Reiche gruppiert.

Drei Viertel aller lebenden Organismen befinden sich an Land.

Korallenriffe, wie dieses vor der Insel Fidschi im Südpazifik, sind die Heimat von Zehntausenden von Arten.

Die grüne Meeresschildkröte, Chelonia mydas, *gehört zu einer größeren Familie von Meeresschildkröten, den* Cheloniidae.

DIE GESCHICHTE DER DNS

Jedes Lebewesen hat seine eigenen Erbinformationen, die ihm sagen, wie es die lebenswichtigen Chemikalien herstellt – und wie man sie zusammensetzt. Diese Informationen, die Gene genannt werden, befinden sich in einem langen, verdrehten Molekül namens DNS (kurz für Desoxyribonukleinsäure).

Basenpaare

Das DNS-Molekül sieht wie eine Spiralleiter aus. Die „Sprossen" der Leiter bestehen aus Chemikalien, die Basen genannt werden. Die Reihenfolge der Basenpaare gibt einen Code an, aus dem Proteine und andere Chemikalien aufgebaut werden können.

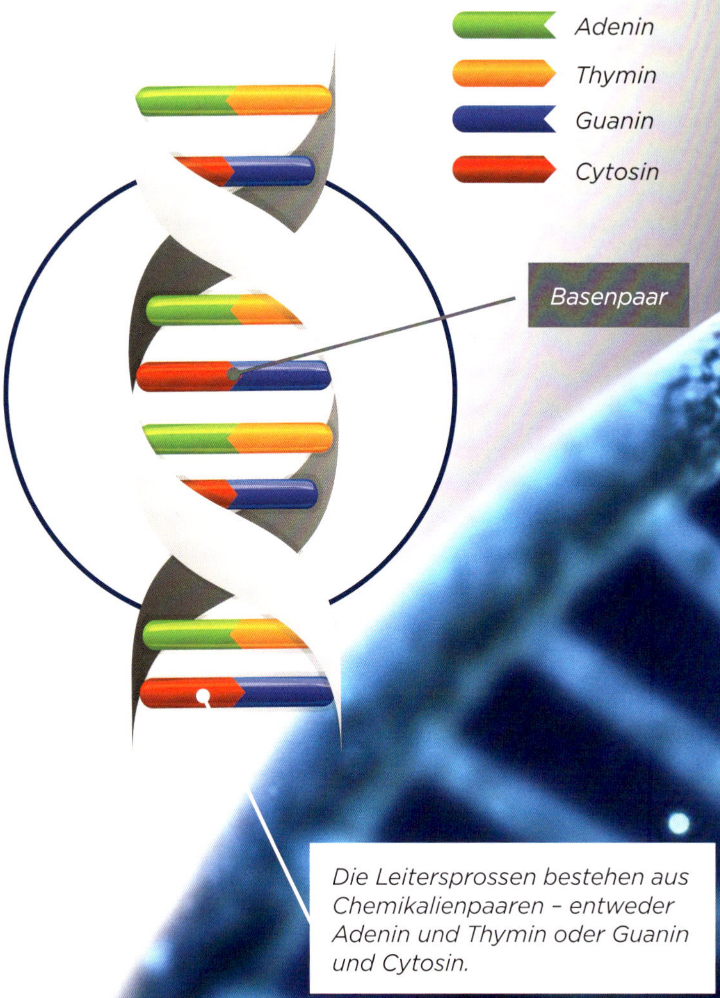

Das DNS-Molekül bildet eine lange, gewundene Leiterform, die als Doppelhelix bezeichnet wird.

Adenin

Thymin

Guanin

Cytosin

Basenpaar

Die Leitersprossen bestehen aus Chemikalienpaaren – entweder Adenin und Thymin oder Guanin und Cytosin.

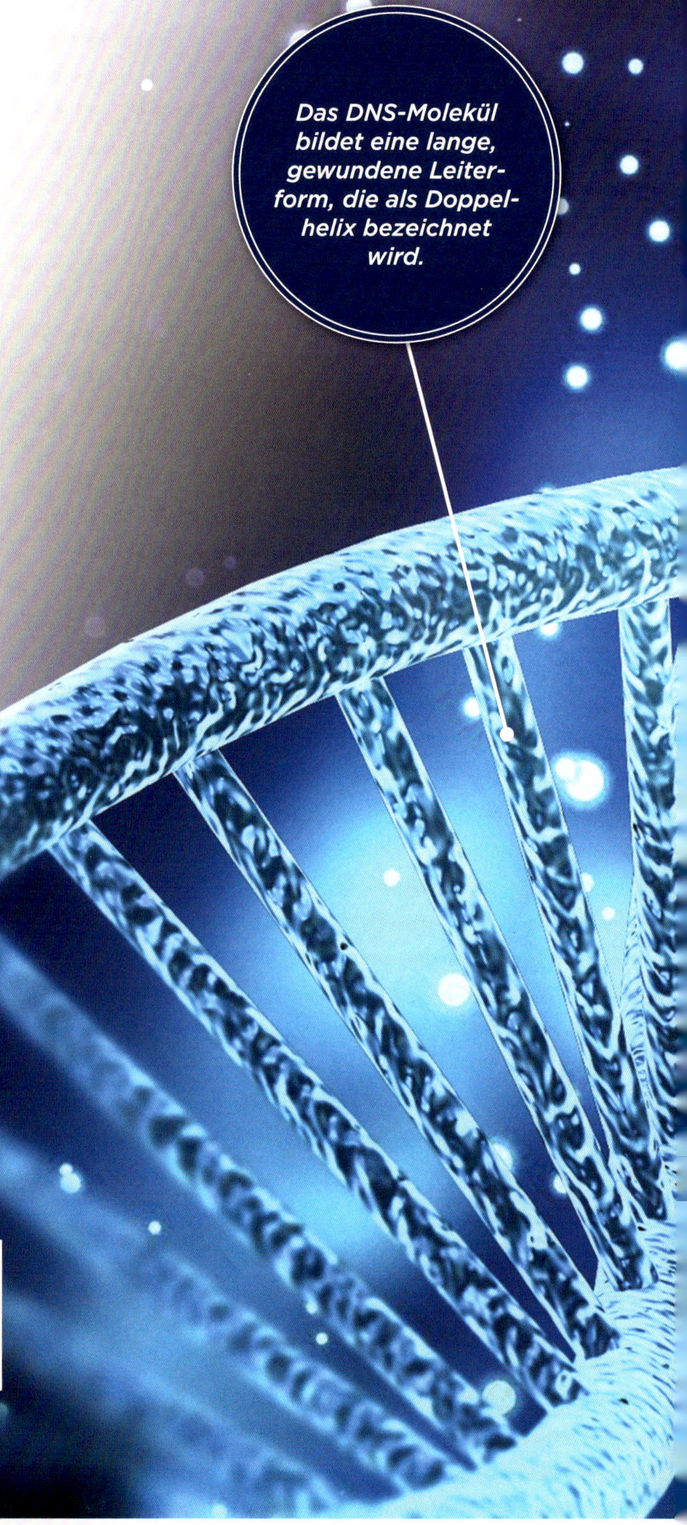

SCHON GEWUSST? Das längste menschliche Chromosom, bekannt als Chromosom 1, enthält mehr als 240 Millionen Basenpaare.

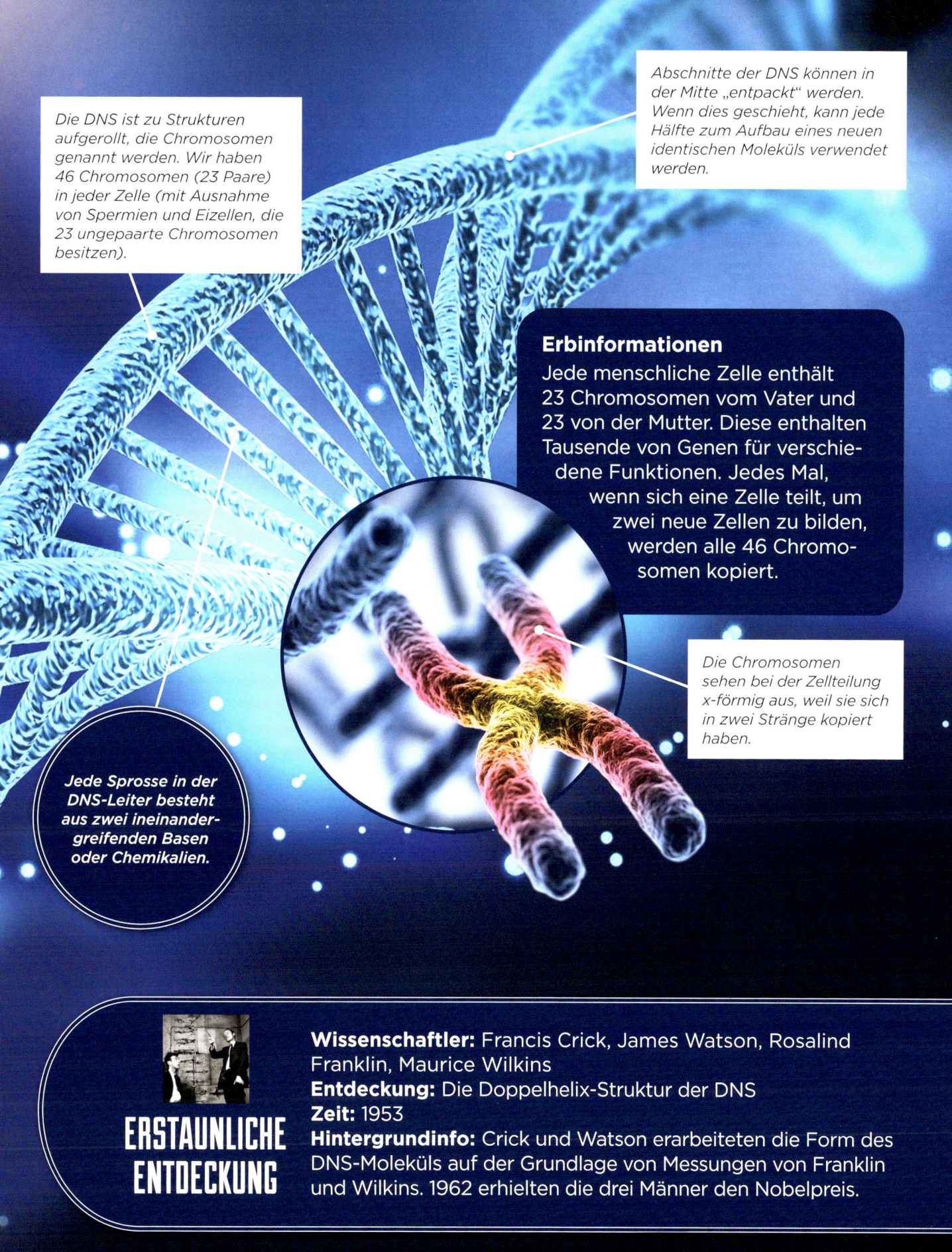

Die DNS ist zu Strukturen aufgerollt, die Chromosomen genannt werden. Wir haben 46 Chromosomen (23 Paare) in jeder Zelle (mit Ausnahme von Spermien und Eizellen, die 23 ungepaarte Chromosomen besitzen).

Abschnitte der DNS können in der Mitte „entpackt" werden. Wenn dies geschieht, kann jede Hälfte zum Aufbau eines neuen identischen Moleküls verwendet werden.

Erbinformationen

Jede menschliche Zelle enthält 23 Chromosomen vom Vater und 23 von der Mutter. Diese enthalten Tausende von Genen für verschiedene Funktionen. Jedes Mal, wenn sich eine Zelle teilt, um zwei neue Zellen zu bilden, werden alle 46 Chromosomen kopiert.

Die Chromosomen sehen bei der Zellteilung x-förmig aus, weil sie sich in zwei Stränge kopiert haben.

Jede Sprosse in der DNS-Leiter besteht aus zwei ineinandergreifenden Basen oder Chemikalien.

ERSTAUNLICHE ENTDECKUNG

Wissenschaftler: Francis Crick, James Watson, Rosalind Franklin, Maurice Wilkins
Entdeckung: Die Doppelhelix-Struktur der DNS
Zeit: 1953
Hintergrundinfo: Crick und Watson erarbeiteten die Form des DNS-Moleküls auf der Grundlage von Messungen von Franklin und Wilkins. 1962 erhielten die drei Männer den Nobelpreis.

ZELLMASCHINERIE

Alle lebenden Organismen bestehen aus winzigen Bausteinen, die Zellen genannt werden. Die meisten Zellen sind mikroskopisch klein, aber sie sind sehr kompliziert. Sie können Nahrung in Energie umwandeln, nützliche Chemikalien herstellen und sich selbst reproduzieren. Die einfachsten Lebensformen bestehen aus nur einer Zelle; die komplexesten enthalten Millionen davon.

Zwei Typen von Zellen

Es gibt zwei Haupttypen von Zellen. Bakterien und Einzeller haben prokaryotische Zellen – einfache Zellen, die keinen separaten Kern haben, der ihre DNS enthält. Größere Organismen haben eukaryotische Zellen. Diese enthalten getrennte chemische Mechanismen, sogenannte Organellen, die verschiedene Funktionen ausführen.

Prokaryotische Zellen können peitschenartige Schwänze, die Geißeln genannt werden, haben. Diese helfen ihnen, sich fortzubewegen. Bei diesem E.-coli-Bakterium ragen die Geißeln in alle Richtungen.

Der Golgi-Apparat lagert Substanzen für später oder bereitet sie darauf vor, die Zelle zu verlassen.

Das endoplasmatische Retikulum produziert und speichert Proteine.

Peroxisome bauen Toxine, Proteine und Fettsäuren ab.

Zentriole unterstützen die Zellteilung.

Organellen einer Tierzelle

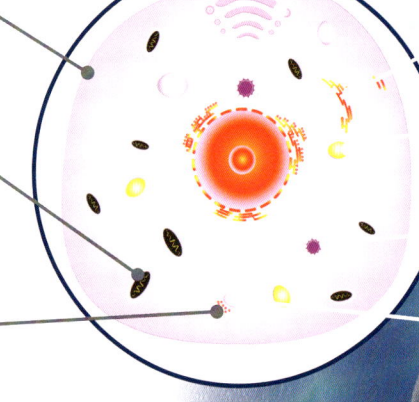

Zellmembran

Mitochondrien treiben die Zelle an, indem sie Energie aus Zucker, Stärke, Proteinen und Fetten freisetzen.

Ribosomen entschlüsseln die DNS und bauen Proteine auf.

Lyosome bauen Schlacken ab.

ERSTAUNLICHE ENTDECKUNG

Wissenschaftler: Robert Hooke
Entdeckung: Die Zelle
Zeit: 1665
Hintergrundinfo: Der englische Wissenschaftler Hooke baute einige der ersten Hochleistungsmikroskope. Er erkannte, dass viele Körpergewebe aus winzigen, in sich geschlossenen Einheiten bestehen, die er nach den sechseckigen Strukturen in den Honigwaben „Zellen" nannte.

SCHON GEWUSST? Tierische Zellen sind normalerweise zwischen 0,001 und 0,1 mm groß.

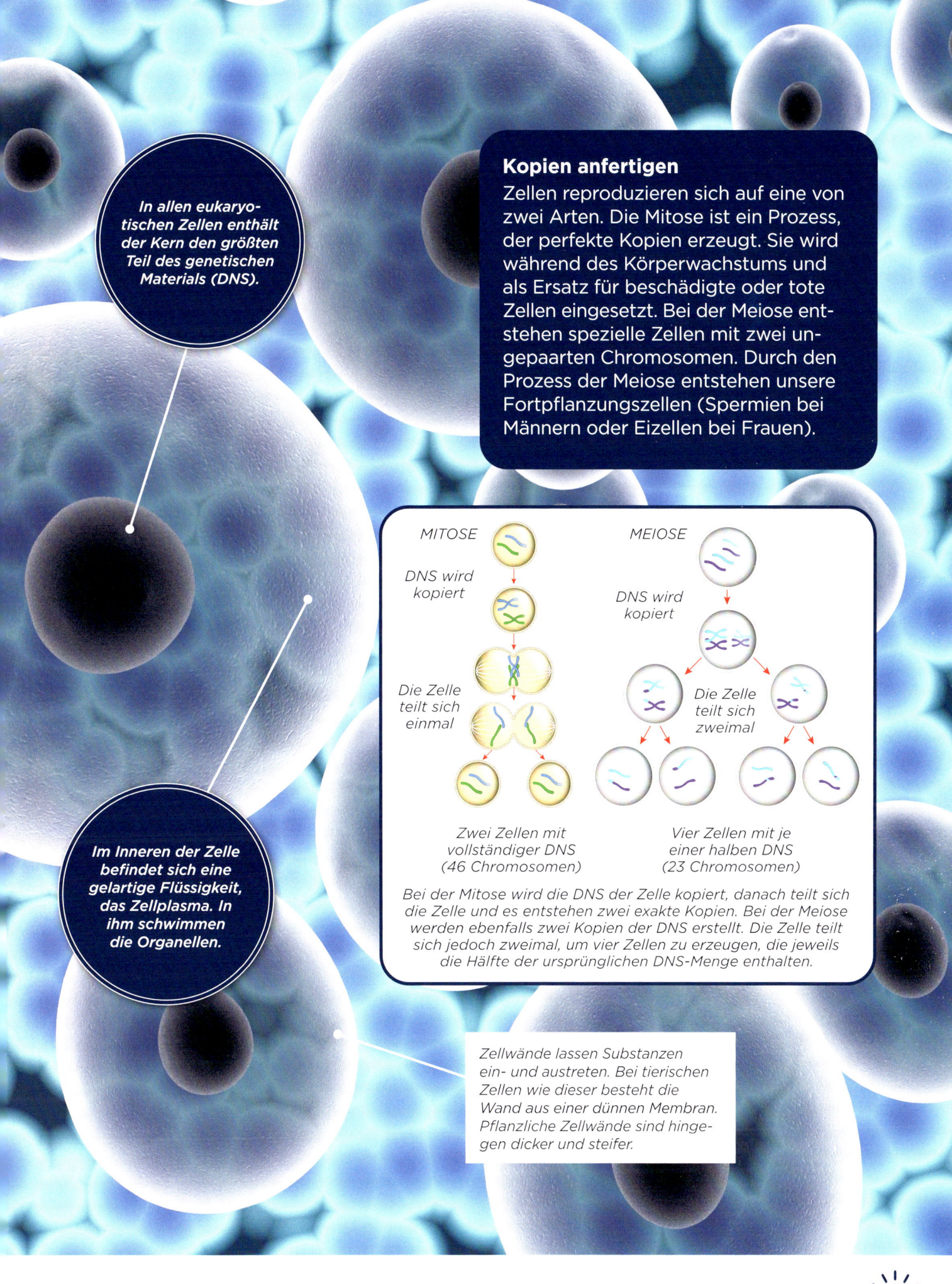

In allen eukaryotischen Zellen enthält der Kern den größten Teil des genetischen Materials (DNS).

Kopien anfertigen

Zellen reproduzieren sich auf eine von zwei Arten. Die Mitose ist ein Prozess, der perfekte Kopien erzeugt. Sie wird während des Körperwachstums und als Ersatz für beschädigte oder tote Zellen eingesetzt. Bei der Meiose entstehen spezielle Zellen mit zwei ungepaarten Chromosomen. Durch den Prozess der Meiose entstehen unsere Fortpflanzungszellen (Spermien bei Männern oder Eizellen bei Frauen).

Im Inneren der Zelle befindet sich eine gelartige Flüssigkeit, das Zellplasma. In ihm schwimmen die Organellen.

MITOSE

DNS wird kopiert

Die Zelle teilt sich einmal

Zwei Zellen mit vollständiger DNS (46 Chromosomen)

MEIOSE

DNS wird kopiert

Die Zelle teilt sich zweimal

Vier Zellen mit je einer halben DNS (23 Chromosomen)

Bei der Mitose wird die DNS der Zelle kopiert, danach teilt sich die Zelle und es entstehen zwei exakte Kopien. Bei der Meiose werden ebenfalls zwei Kopien der DNS erstellt. Die Zelle teilt sich jedoch zweimal, um vier Zellen zu erzeugen, die jeweils die Hälfte der ursprünglichen DNS-Menge enthalten.

Zellwände lassen Substanzen ein- und austreten. Bei tierischen Zellen wie dieser besteht die Wand aus einer dünnen Membran. Pflanzliche Zellwände sind hingegen dicker und steifer.

PFLANZEN

Es gibt fast 400 000 Pflanzenarten auf der Erde. Pflanzen sind Lebewesen, die ihre Nahrung selbst herstellen können. Während dieses Prozesses produzieren sie Sauerstoff – das Gas, das für alle Tiere und Menschen lebensnotwendig ist.

Nahrung aus Sonnenlicht

Die Pflanzen nehmen über ihre Blätter Kohlendioxid aus der Luft und über ihre Wurzeln Wasser aus dem Boden auf. Dann nutzen sie die Energie des Sonnenlichts, um diese Inhaltsstoffe in Zucker umzuwandeln. Dieser Prozess, die sogenannte Photosynthese, ist eine chemische Reaktion. Sie findet in den Blättern statt, unterstützt durch eine grüne Chemikalie namens Chlorophyll.

Fortpflanzung der Pflanzen

Samenlose Pflanzen, wie Lebermoose, Moose und Farne, vermehren sich durch die Freisetzung von Sporen. Wenn eine Spore an einem geeigneten Ort landet, produziert sie Geschlechtszellen und nach der Befruchtung kann eine neue Pflanze wachsen. Samenpflanzen produzieren Samen, wenn männliche Geschlechtszellen die weiblichen befruchten. Ein Samen enthält eine vollständige Embryopflanze zusammen mit einem Vorrat an Nahrung.

Sequoia-Bäume können bis zu 3000 Jahre alt werden. Einige andere Pflanzen werden nicht einmal ein Jahr alt.

Dieser Querschnitt eines Blattes zeigt die Transportgefäße in der Mitte. Diese befördern Wasser zum Blatt und zuckerhaltige Glukose von ihm weg.

Pollen enthält männliche Geschlechtszellen. Diese müssen zu anderen Blüten gelangen, um deren weibliche Geschlechtszellen zu befruchten. Pollen kann von Insekten und Vögeln mitgetragen werden, die die Blüte aufsuchen, um sich von deren Nektar zu ernähren.

SCHON GEWUSST? Manche Pflanzen wachsen erstaunlich schnell. Bambus kann beispielsweise an einem einzigen Tag um bis zu 91 cm in die Höhe schießen.

Baumstämme bestehen aus Cellulose, dem zähen, faserigen Material, das die Zellwände der Pflanzen bildet.

Um möglichst viel Licht aufzunehmen, halten sich die Pflanzen mit Hilfe eines Stängels oder Stammes aufrecht.

Wie alle Nadelbäume produziert der Mammutbaum seine Samen auf speziellen Schuppen, die zu Zapfen zusammengedrängt werden.

Wurzeln unter dem Boden verankern die Pflanzen, damit sie nicht umfallen. Außerdem saugen sie Wasser und Nährstoffe aus dem Boden auf.

ERSTAUNLICHE ENTDECKUNG

Wissenschaftler: Jan Ingenhousz
Entdeckung: Photosynthese
Zeit: 1779
Hintergrundinfo: Dieser niederländische Wissenschaftler entdeckte, dass Pflanzen verschiedene Gase freisetzen, je nachdem, ob sie im Sonnenlicht oder in der Dunkelheit gehalten werden. Er erkannte außerdem, dass sie Kohlendioxid aus der Atmosphäre aufnehmen, um ihre Körper aufzubauen.

TIERE

Tiere sind Lebewesen, die ihre Energie aus Nahrung, Wasser, Sauerstoff und der Sonne beziehen. Im Gegensatz zu Pflanzen können sie sich in der Regel auf der Suche nach Nahrung fortbewegen. Um aus ihrer Nahrung Energie zu gewinnen, müssen Tiere Sauerstoff einatmen.

Tierarten

Fische, Amphibien, Reptilien, Vögel und Säugetiere haben alle eine Wirbelsäule und ein Skelett, um ihren Körper zu stützen. Sie werden Wirbeltiere genannt und machen weniger als 10 Prozent der Tiere aus. Der Rest besteht aus wirbellosen Tieren, die kein Skelett haben. Dazu gehören Gliederfüßer wie Insekten und Spinnen, die eine harte Außenhülle haben, die als Exoskelett bezeichnet wird, und Weichtiere mit weichem Körperbau.

Symmetrie

Die meisten Tiere haben einen symmetrischen Körperbau, der auf beiden Seiten gleich ist. Merkmale wie Gliedmaßen und einige Organe werden spiegelbildlich kopiert. Der Darm, der zur Verarbeitung der Nahrung dient, führt von einem Ende des Körpers zum anderen.

Tausendfüßler

Spinnen

Insekten

Gliederfüßer

Krustentiere

Gliederwürmer

Weich-
tiere

Faden-
würmer

Pseudocoelomaten

Acoelomaten

Plattwürmer

Symmetrie entsteht in den allerersten Zellen eines sich entwickelnden Tierembryos. Sie zeigt sich oft in den Merkmalen erwachsener Tiere, wie zum Beispiel im schönen Fell dieses Tigers.

Schwämme

SCHON GEWUSST? Gliederfüßer machen 80 % aller bekannten Tierarten aus. Die meisten sind zwar klein, doch die Japanische Riesenkrabbe hat eine Beinspannweite von bis zu 5,5 m.

ERSTAUNLICHE ENTDECKUNG

Wissenschaftler: Jennifer Clack
Entdeckung: *Acanthostega*
Zeit: 1987
Hintergrundinfo: Als Clack in Grönland ein Fossil von Acanthostega – von ihr Boris genannt – fand, erkannte sie, dass dies ein entscheidender Schritt in der Evolution der Tetrapoden (Landwirbeltiere) war. Boris lebte vor 360 Millionen Jahren und hatte einen fischähnlichen Körper mit vier Beinen. Später fand sie Spuren eines anderen frühen Tetrapoden.

Vögel

Reptilien

Säugetiere

Wirbeltiere

Amphibien

Fische

Chordaten

Manteltiere

Neumünder

Urmünder

Dieser einfache Baum zeigt die verschiedenen Gruppen im Tierreich und wie sie miteinander in Beziehung stehen.

Coelomaten

Radiaten

Stachelhäuter

Die riesige Vielfalt an Tieren, die heute existieren, hat sich aus einfachen einzelligen Organismen entwickelt, die Protisten genannt werden.

Urwesen

Nesseltiere

DAS NETZ DES LEBENS

Lebewesen sind durch ein komplexes Beziehungsgeflecht, das als Ökosystem bezeichnet wird, miteinander verbunden und voneinander abhängig. Diese Beziehungen halten die Anzahl der verschiedenen Arten im Gleichgewicht. Die Arten können bedroht werden, wenn dieses Gleichgewicht durch irgendetwas gestört wird, z.B. durch Veränderungen in der Umwelt.

Alles ist miteinander verbunden

Pflanzen erzeugen den Sauerstoff, den die Tiere brauchen. Sie sind auch Nahrung für pflanzenfressende Tiere (Herbivoren). Alle lebenden Tiere setzen das Kohlendioxid frei, das Pflanzen zur Photosynthese benötigen. Wenn eine Pflanze oder ein Tier stirbt, helfen Bakterien, Pilze und andere Organismen, ihre Nährstoffe wieder in den Boden zurückzuführen.

Es gibt ungefähr 5,1 Millionen Pilzarten.

Die Art und Weise, wie Lebewesen bei der Ernährung voneinander abhängig sind, wird als Nahrungskette bezeichnet. Ein Raubtier, wie eine große Katze, steht ganz oben in der Nahrungskette, denn kein anderes Tier jagt sie.

Pflanzen werden Erzeuger genannt, da sie ihr eigenes Futter herstellen. Tiere werden als Verbraucher bezeichnet, weil sie Pflanzen und andere Tiere essen.

ERSTAUNLICHE ENTDECKUNG

Wissenschaftler: James Lovelock, Lynn Margulis
Entdeckung: Gaia-Hypothese
Zeit: 1972–1979
Hintergrundinfo: Der Chemiker Lovelock und die Mikrobiologin Margulis zeigten, wie Lebewesen die Erdatmosphäre, die Ozeane und sogar Felsen beeinflussen können. Ihre Gaia-Hypothese besagt, dass unser gesamter Planet ein einziges riesiges Ökosystem ist.

SCHON GEWUSST? Der Dodo, ein riesiger flugunfähiger Vogel aus Mauritius, starb innerhalb von 80 Jahren aus, nachdem Menschen, deren Schweine, Hunde und Katzen sowie eingeschleppte Ratten sich auf seiner Heimatinsel breit gemacht hatten.

Ein Baum kann Moosen, Efeu und anderen Pflanzen als Lebensraum dienen, aber auch Tiere mit Nahrung und Sauerstoff versorgen und ihnen Unterschlupf bieten.

Der größte Teil des Pilzes besteht aus unterirdischen Fäden, die Hyphen genannt werden. Diese nehmen Nährstoffe aus dem Boden auf.

Eingeführte Arten

Innerhalb jedes Ökosystems kann die Anzahl der verschiedenen Arten ansteigen und abfallen, aber in der Regel kehrt sie zu ihrem Gleichgewicht zurück. Wenn jedoch eine neue Art in ein Ökosystem eingeführt wird, kann dies verheerende Auswirkungen haben. Sie konkurriert mit den bestehenden Arten um Nahrung, Wasser, Raum und Brutstätten – und möglicherweise verbreitet sie auch Krankheiten.

Fernab ihres heimischen Amazonasgebiets und der Käfer, die sich dort von ihr ernähren, ist die Wasserhyazinthe ein Eindringling. Sie ist schnellwüchsig und verdrängt andere Wasserpflanzen.

Extrembereiche des Lebens

Die meisten Lebewesen brauchen einen Lebensraum, der saubere Luft, eine vernünftige Temperatur und Wasser, das nicht zu sauer oder salzig ist, bietet. Einige Organismen schaffen es jedoch, unter extremen Bedingungen zu gedeihen, die die meisten Lebewesen töten würden.

Für alles gewappnet

Lebewesen, die in lebensfeindlichen Umgebungen gut zurecht kommen, werden als extremophil bezeichnet. Die meisten von ihnen sind einzellige Mikroorganismen. Sie überleben, da sie interne chemische Prozesse entwickelt haben, die verhindern, dass sie durch sehr hohe oder niedrige Temperaturen, überschüssige Säure oder Salz oder andere Beeinträchtigungen geschädigt werden. Viele extremophile Mikroorganismen können sogar Energie aus ihrer feindlichen Umgebung beziehen.

In den tiefsten Teilen des Ozeans stoßen vulkanische Schlote brennendes, schwefelreiches Wasser aus. Extremophile Mikroben überleben dort und bilden die Grundlage für ein Ökosystem, zu dem auch Tiefseequallen gehören.

Das Wasser in den heißen Quellen des Yellowstone Parks kann 93 °C heiß werden.

Die Thermalquelle Grand Prismatic Spring im Yellowstone Nationalpark ist nach den roten, gelben und grünen extremophilen Mikroben an ihren Rändern benannt.

SCHON GEWUSST? Möglicherweise hat sich das Leben um Tiefseeschlote herum entwickelt, bevor es sich an andere Bedingungen angepasst hat. Wenn dem so ist, dann sind an Land lebende Tiere und Pflanzen die wahren Extremophilen!

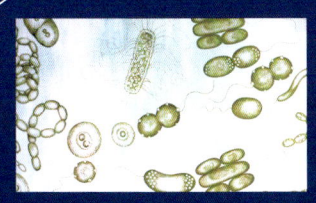

ERSTAUNLICHE ENTDECKUNG

Wissenschaftler: Carl Woese
Entdeckung: Extremophile Mikroorganismen
Zeit: 1977
Hintergrundinfo: Mitte der 1970er-Jahre fanden Forscher unter scheinbar lebensfeindlichen Bedingungen in der Nähe von Tiefsee-Vulkanschloten ein blühendes Leben vor. Woese entdeckte, dass diese komplexen Ökosysteme auf einer völlig neuen Art von Einzellern basieren, die heute als Archaeen bezeichnet werden.

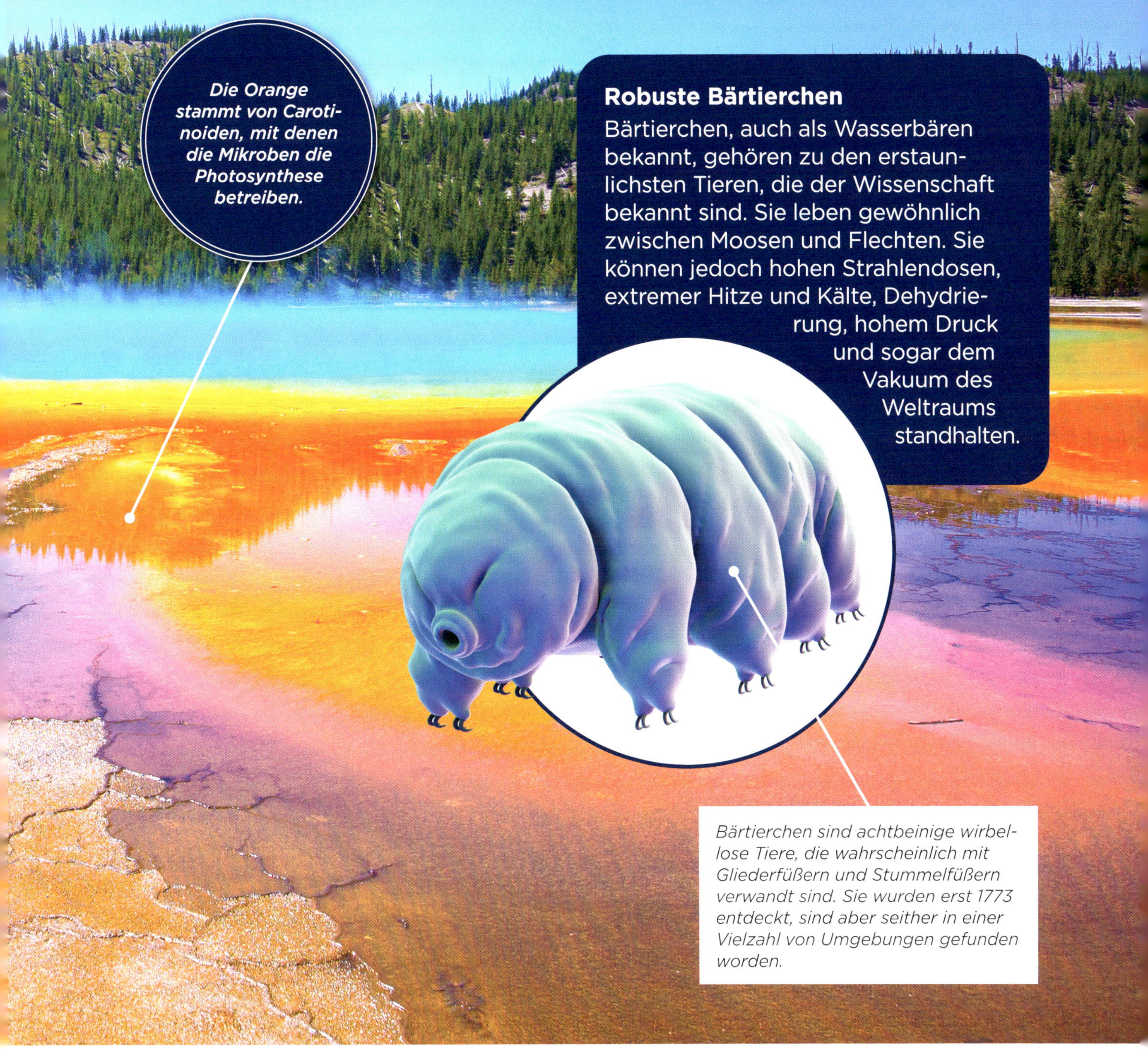

Die Orange stammt von Carotinoiden, mit denen die Mikroben die Photosynthese betreiben.

Robuste Bärtierchen

Bärtierchen, auch als Wasserbären bekannt, gehören zu den erstaunlichsten Tieren, die der Wissenschaft bekannt sind. Sie leben gewöhnlich zwischen Moosen und Flechten. Sie können jedoch hohen Strahlendosen, extremer Hitze und Kälte, Dehydrierung, hohem Druck und sogar dem Vakuum des Weltraums standhalten.

Bärtierchen sind achtbeinige wirbellose Tiere, die wahrscheinlich mit Gliederfüßern und Stummelfüßern verwandt sind. Sie wurden erst 1773 entdeckt, sind aber seither in einer Vielzahl von Umgebungen gefunden worden.

DARWINS THEORIE

Warum sind einige Arten von Lebewesen einander so ähnlich und andere so verschieden? Verändert sich eine Art im Laufe der Zeit oder entwickelt sie sich zu einer anderen? Diese Fragen verwirrten Wissenschaftler jahrhundertelang – bis der britische Naturforscher Charles Darwin seine Evolutionstheorie der natürlichen Auslese aufstellte.

Darwin ließ sich von den vielen neuen Arten inspirieren, die von Forschern entdeckt wurden. Außerdem wollte er die Existenz von Fossilien erklären, die viele Millionen Jahre alt sind.

Die Reise mit der *Beagle*

Darwins Theorie wurde durch seine Studien an Bord des Vermessungsschiffes *HMS Beagle* in den 1830er-Jahren vorangetrieben. In Patagonien fand er Fossilien von riesigen ausgestorbenen Säugetieren, wie dem Riesenfaultier. Bei einem Besuch der isolierten Galapagosinseln beobachtete Darwin Finken, Meeresleguane und Schildkröten, die sich an verschiedene Insellandschaften angepasst hatten.

Darwins Finken

Es gibt etwa 15 Finkenarten auf den Galapagosinseln, die die Evolution in Aktion zeigen. Eine einzige Vorfahrenart ist auf den vulkanischen Inseln gestrandet, einige Zeit nach ihrer Entstehung. Mit der Zeit verbreiteten sich ihre Nachkommen über die Inseln und ihre Schnäbel passten sich an die Hauptnahrung auf jeder Insel an.

John Gould, der Tiermaler auf der Beagle, skizzierte die Finken auf den Galapagosinseln. Ihre Schnäbel hatten sich passend zu bestimmten Nahrungsmitteln entwickelt. Nussfresser hatten große, kurze Schnäbel zum Knacken der Schalen. Insektenfresser hatten längere, spitzere Schnäbel.

SCHON GEWUSST? Der französische Wissenschaftler Jean-Baptiste Lamarck vermutete bereits 1800 als Erster, dass Arten durch einen Evolutionsprozess entstehen – er konnte allerdings nicht erklären, wie.

Dies ist eine der fünf Riesen-schildkrötenarten auf der Insel Isabela, der jüngsten der Galapagosinseln.

Jede Art hat eine einzigartige Panzer-form. Die Schild-kröten kommen auch in unterschiedlichen Größen vor.

Riesenschildkröten leben auf sieben der Galapagos-inseln. Es gibt mehr als zehn verschiedene Arten.

ERSTAUNLICHE ENTDECKUNG

Wissenschaftler: Charles Darwin (links), Alfred Russel Wallace
Entdeckung: Die Entstehung der Arten
Zeit: 1859
Hintergrundinfo: Darwin entwickelte 20 Jahre nach seiner Reise mit der Beagle seine Ideen über Evolution und natürliche Auslese. Er veröffentlichte seine Theorie nur, weil er einen Brief von Wallace mit einer ähnlichen Theorie erhielt, die dieser während seiner Erkundung Südamerikas und Asiens aufgestellt hatte.

DIE EVOLUTION

Die Evolution erklärt, wie sich Lebewesen über viele Generationen langsam verändern und neue Arten entstehen. Jedes Individuum hat eine etwas andere Mischung an Erbinformationen von seinen Eltern. Gene, die eine bessere Überlebenschance bieten, werden mit größerer Wahrscheinlichkeit an die nächste Generation weitergegeben. Im Laufe der Zeit vermehren sich Individuen mit einem besonderen Vorteil und verdrängen diejenigen ohne diesen Vorteil.

Selektionsdruck

Natürliche Selektion (Auslese) treibt die Evolution an. Es geht darum, wie sich Individuen an unterschiedliche Belastungen durch die Umwelt anpassen. Dazu können die Verfügbarkeit von Nahrung, die Konkurrenz um Partner, die Bedrohung durch Raubtiere, Krankheiten oder ein sich veränderndes Klima gehören. Die Stärksten überleben und vermehren sich in der Regel, indem sie auf die Gene zurückgreifen, die ihnen geholfen haben, mit den Bedingungen zurechtzukommen.

Jedes Jahr wandern riesige Herden von Gnus und Zebras durch die Serengeti zu besseren Weideplätzen. Nur die Stärksten überleben diese Wanderung.

Megatherium *war ein Riesenfaultier, das vor 10 000 Jahren ausstarb. Es konnte dem Selektionsdruck durch Veränderungen in seinem Lebensraum nicht standhalten. Heute sind die einzigen Faultiere, die noch existieren, kleine Baumbewohner.*

Die Wanderschaft ist hart. Sie sortiert alle Individuen aus, die leicht ermüden oder anfällig für Krankheiten sind.

Der gefährlichste Moment der Wanderschaft: Die Tiere müssen den mit Krokodilen übersäten Mara-Fluss überqueren.

SCHON GEWUSST? Biologen studieren die Evolution in Hochgeschwindigkeit an der Fruchtfliege *Drosophila* – einer Art, die alle zehn Tage eine neue Generation hervorbringen kann!

ERSTAUNLICHE ENTDECKUNG

Wissenschaftler: J. W. Tutt
Entdeckung: Evolution der Birkenspanner (Motten)
Zeit: 1896
Hintergrundinfo: Tutt stellte fest, dass die Birkenspanner im Laufe der industriellen Revolution dunkler geworden waren. Die dunkleren Motten wurden in einer verschmutzten, rußigen Umgebung weniger häufig von Vögeln entdeckt und gefressen, sodass mehr von ihnen überlebten, um sich fortzupflanzen.

Evolution und Gene

Obwohl Darwin die Evolutionstheorie entwickelte, hatte er keine Ahnung, wie Eltern Erbinformationen an ihre Nachkommen weitergeben. Heute wissen wir, dass die Evolution funktioniert, indem Merkmale von einer Mischung aus den Genen beider Elternteile vererbt werden. Hierbei treten nur wenige zufällige Veränderungen (aufgrund von Fehlern beim Kopieren der DNS) auf.

Krokodile haben sich so entwickelt, dass sie bis zu einem Jahr ohne Nahrung überleben – und dann richtig schlemmen.

Der österreichische Mönch Gregor Mendel war der erste Mensch, der das, was wir Gene nennen, identifizierte. Er bemerkte sie durch die Züchtung von Erbsenpflanzen mit unterschiedlichen Eigenschaften. Das war bereits in den 1860er-Jahren, aber Mendels wichtige Arbeit wurde jahrzehntelang verkannt.

PHASEN DES LEBENS

Seit etwa vier Milliarden Jahren gibt es Leben auf der Erde. Den größten Teil dieser Zeit, während des Präkambriums, existierten nur einfache, einzellige Organismen. Seit etwa 540 Millionen Jahren gibt es komplexeres Leben und es hat verschiedene Phasen durchlaufen.

Zeiteinteilung

Die Geschichte des komplexen Lebens auf der Erde gliedert sich in der Regel in drei Phasen – das Paläozoikum, das Mesozoikum und das Känozoikum (d. h. Erdaltertum, Erdmittelalter und Erdneuzeit). Jede Phase ist in geologische Perioden unterteilt, die mehrere zehn Millionen Jahre dauern. Geologen identifizieren diese Perioden anhand der Gesteinsarten und des Vorhandenseins bestimmter Fossilien.

Der Anomalocaris war ein Vorfahre der Arthropoden (Gliederfüßer). Er lebte in den Ozeanen vor 510 Millionen Jahren, während des Kambriums.

Fossilien von Trilobiten (Gliederfüßer) stammen nur aus den sechs Perioden, die das Paläozoikum bilden. Sie tauchten in der ersten dieser Perioden, dem Kambrium, auf und starben in der letzten, dem Perm, aus.

Massenaussterben

Im Laufe der Geschichte begannen große Veränderungen des Lebens auf der Erde mit Naturkatastrophen wie Asteroideneinschlägen aus dem Weltraum, Vulkanausbrüchen oder Klimaveränderungen. Diese Katastrophen vernichten viele der vorher dominierenden Tiere und ebnen den Weg für neue Tiere, die ihren Platz einnehmen können.

Vor ca. 65 Millionen Jahren bewirkte der Einschlag eines riesigen Asteroiden das Aussterben der Dinosaurier. Seitdem haben sich Säugetiere zu den wichtigsten großen Landtieren entwickelt.

SCHON GEWUSST? Vögel entwickelten sich aus Dinosauriern, die Theropoden genannt wurden. Sie überlebten das Massenaussterben vor 65 Millionen Jahren, die anderen Dinosaurier jedoch nicht.

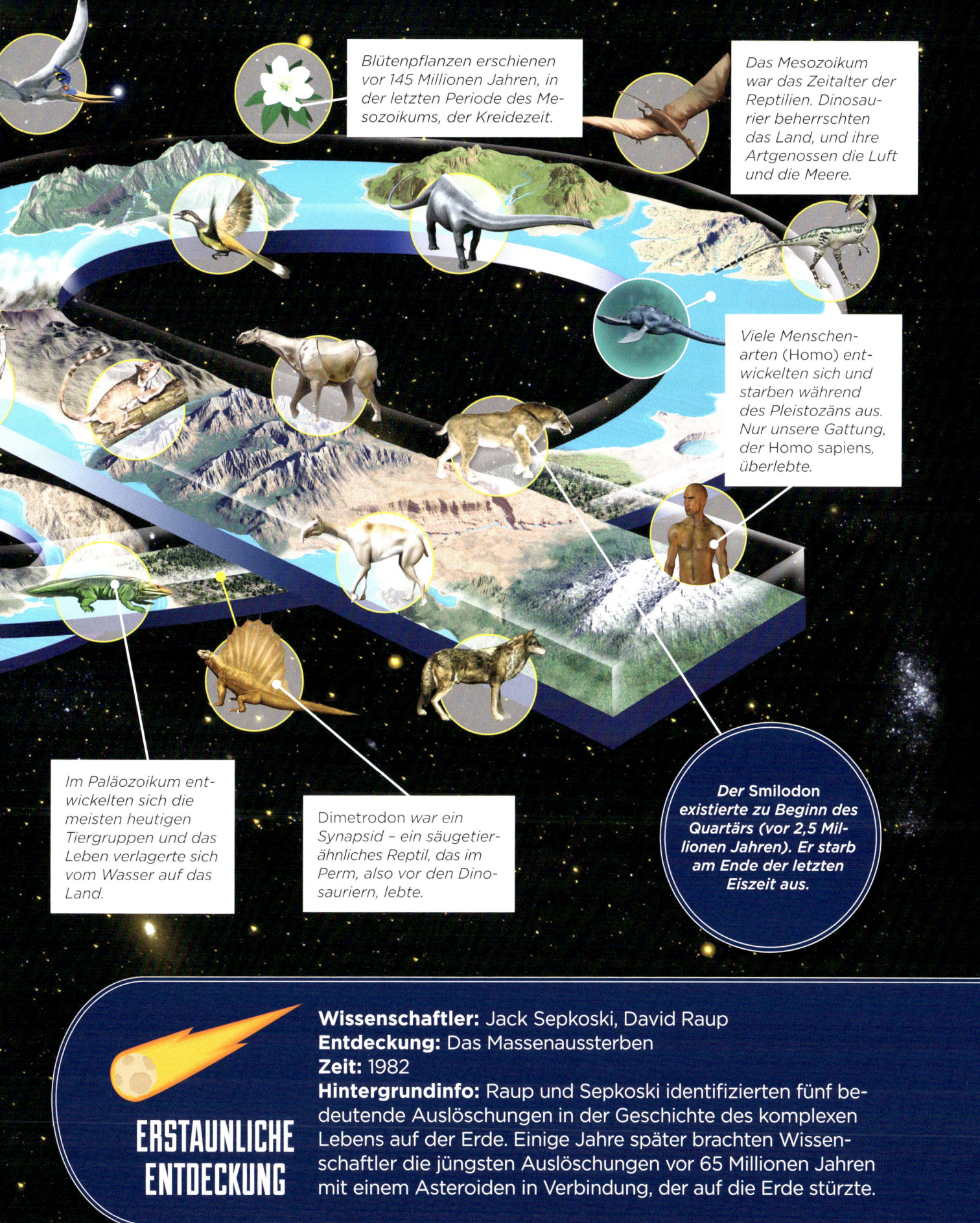

Blütenpflanzen erschienen vor 145 Millionen Jahren, in der letzten Periode des Mesozoikums, der Kreidezeit.

Das Mesozoikum war das Zeitalter der Reptilien. Dinosaurier beherrschten das Land, und ihre Artgenossen die Luft und die Meere.

Viele Menschenarten (Homo) entwickelten sich und starben während des Pleistozäns aus. Nur unsere Gattung, der Homo sapiens, überlebte.

Im Paläozoikum entwickelten sich die meisten heutigen Tiergruppen und das Leben verlagerte sich vom Wasser auf das Land.

Dimetrodon war ein Synapsid – ein säugetierähnliches Reptil, das im Perm, also vor den Dinosauriern, lebte.

Der Smilodon *existierte zu Beginn des Quartärs (vor 2,5 Millionen Jahren). Er starb am Ende der letzten Eiszeit aus.*

Wissenschaftler: Jack Sepkoski, David Raup
Entdeckung: Das Massenaussterben
Zeit: 1982
Hintergrundinfo: Raup und Sepkoski identifizierten fünf bedeutende Auslöschungen in der Geschichte des komplexen Lebens auf der Erde. Einige Jahre später brachten Wissenschaftler die jüngsten Auslöschungen vor 65 Millionen Jahren mit einem Asteroiden in Verbindung, der auf die Erde stürzte.

ERSTAUNLICHE ENTDECKUNG

ERSTAUNLICHER KÖRPER

Der Körper ist eine komplexe Ansammlung von etwa 37 Billionen Zellen, die zusammenarbeiten, um einen lebenden und denkenden Menschen zu schaffen. Diese Zellen werden zusammengefügt, um Gewebe mit unterschiedlichen Eigenschaften zu bilden. Diese Gewebe bilden Organe mit spezifischen Aufgaben, vom Pumpen von Blut bis zur Herstellung von Hormonen.

Körpersysteme

Der Körper hat Systeme, die verschiedene Funktionen übernehmen. Knochen und Muskeln sorgen für Stabilität und Bewegung. Gehirn und Nerven sammeln Informationen über unsere Umgebung und helfen uns, darauf zu reagieren. Herz und Lunge versorgen die Muskeln mit Brennstoff. Das Verdauungssystem gewinnt Energie aus der Nahrung, die wir zu uns nehmen. Andere Systeme reparieren den Körper und halten ihn instand.

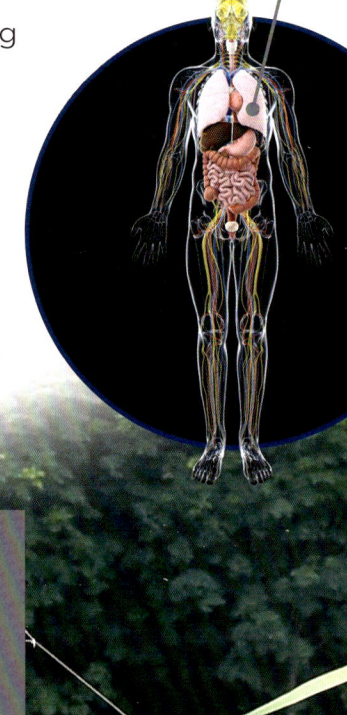

Einige Körpersysteme umfassen ein Organ an einem bestimmten Ort, z. B. die Lunge. Andere, wie z. B. das Nervensystem, sind über unseren ganzen Körper verteilt.

Weitere Elemente
Stickstoff

Wasserstoff

Kohlenstoff

Sauerstoff

Der größte Teil des Sauerstoffs und Wasserstoffs in unserem Körper ist in Wassermolekülen (H_2O) eingeschlossen. Wasser macht 55-60 % des Körpergewichts eines Erwachsenen aus – bei Kindern noch mehr.

Das Rezept für einen Menschen

Wir sind aus gewöhnlichen chemischen Elementen aufgebaut. Sauerstoff macht 65 % unserer Masse aus, 9,5 % sind leichter Wasserstoff und 18,5 % sind Kohlenstoff (ein vielseitiges Element, das die komplexen lebensnotwendigen Chemikalien bildet). Stickstoff, Calcium und Phosphor machen 5,2 % aus. Die restlichen 1,8 % setzen sich aus winzigen Mengen anderer Elemente zusammen.

SCHON GEWUSST? Die meisten Zellen können nur durch ein Mikroskop gesehen werden, aber eine Eizelle ist mit dem bloßen Auge bei einem Durchmesser von 0,1 mm gerade noch sichtbar.

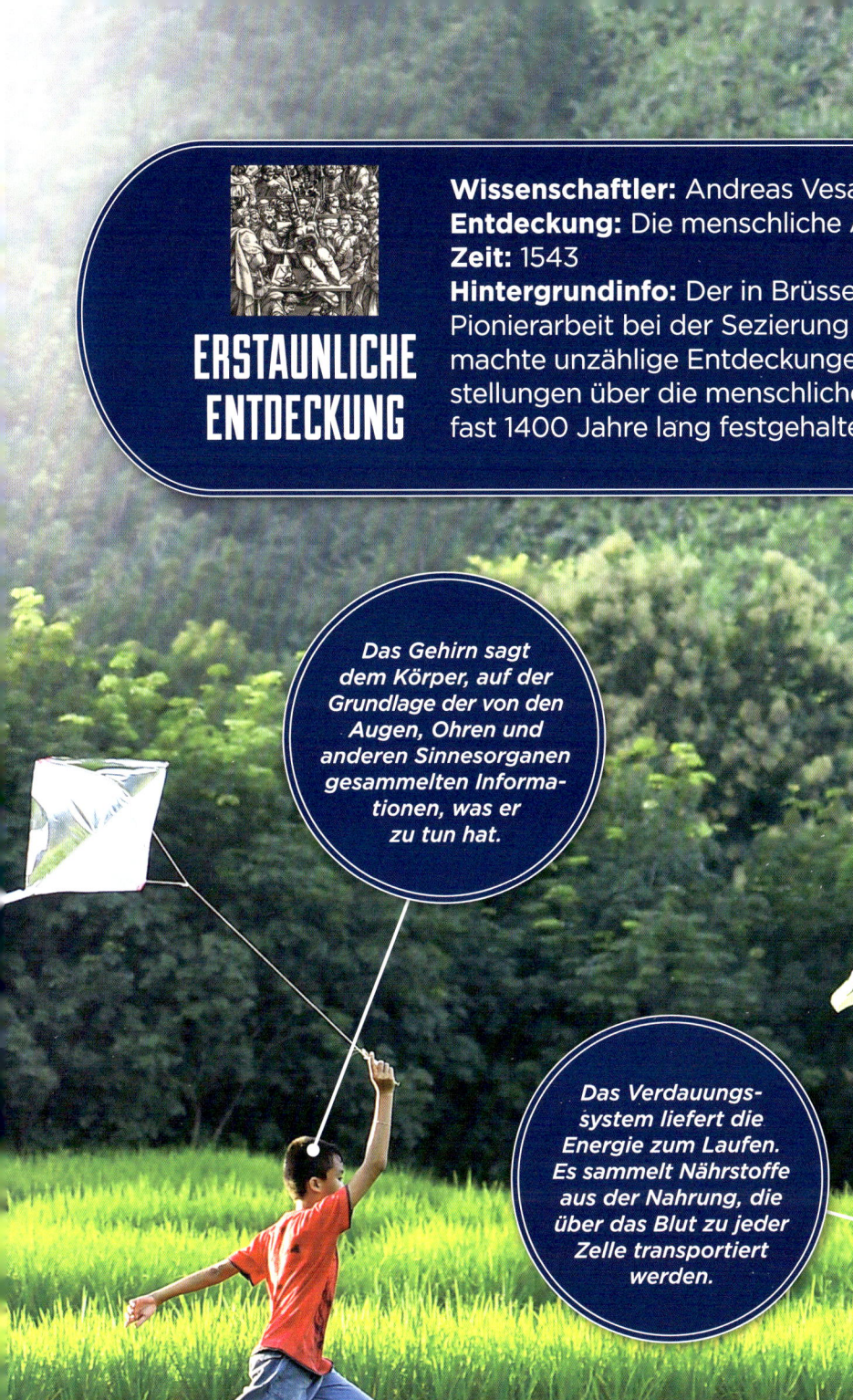

Wissenschaftler: Andreas Vesalius
Entdeckung: Die menschliche Anatomie
Zeit: 1543
Hintergrundinfo: Der in Brüssel geborene Arzt Vesalius leistete Pionierarbeit bei der Sezierung von menschlichen Leichen. Er machte unzählige Entdeckungen und widerlegte falsche Vorstellungen über die menschliche Anatomie, an denen die Ärzte fast 1400 Jahre lang festgehalten hatten.

Das Gehirn sagt dem Körper, auf der Grundlage der von den Augen, Ohren und anderen Sinnesorganen gesammelten Informationen, was er zu tun hat.

Die Systeme des Körpers arbeiten jederzeit, egal ob der Körper ruht oder etwas Aktives tut.

Das Verdauungssystem liefert die Energie zum Laufen. Es sammelt Nährstoffe aus der Nahrung, die über das Blut zu jeder Zelle transportiert werden.

Die Knochen stützen die Beine und die Muskeln ermöglichen es ihnen, sich zu bewegen. Die Anweisungen, die die Beine zum Laufen bringen, stammen vom Gehirn.

BLICK INS GEHIRN

Das menschliche Gehirn ist die komplexeste Struktur, die in der Natur vorkommt. Es ist vollgepackt mit fast 100 Milliarden einzelner Zellen, den sogenannten Neuronen, die ein riesiges Netz von Verbindungen bilden. Diese Neuronen senden Signale mit kleinen elektrischen Ladungsimpulsen aus, die von einem Strom chemischer Stoffe, die das Gehirn umspülen, getragen werden.

So funktioniert das Gehirn

Unser Gehirn ist in verschiedene Regionen unterteilt, die sich jeweils aus Neuronen zusammensetzen, welche auf unsere speziellen Aufgaben zugeschnitten sind. Bereiche nahe der Mitte und am unteren Ende des Gehirns übernehmen instinktive Aufgaben und helfen, unseren Körper zu regulieren. Die runzelige äußere Schicht des Gehirns, die sogenannte Großhirnrinde, ist für komplexere Aufgaben wie das Denken und die sensorische Verarbeitung zuständig.

Die Falten der Großhirnrinde geben den Neuronen maximalen Raum. Je faltiger das Gehirn, desto mehr kann es verarbeiten.

Auf jeder Seite der Großhirnrinde gibt es vier verschiedene Bereiche, die man Lappen nennt.

Die Frontallappen sind unter anderem zuständig für Emotionen, das Denken, das Gedächtnis, Planung und Sprache.

Die Parietallappen sind für den Geschmacks- und Tastsinn zuständig.

Die Okzipitallappen sind der Ort, an dem wir Informationen verarbeiten, die wir von unseren Augen erhalten.

Die Temporallappen steuern unser Gehör.

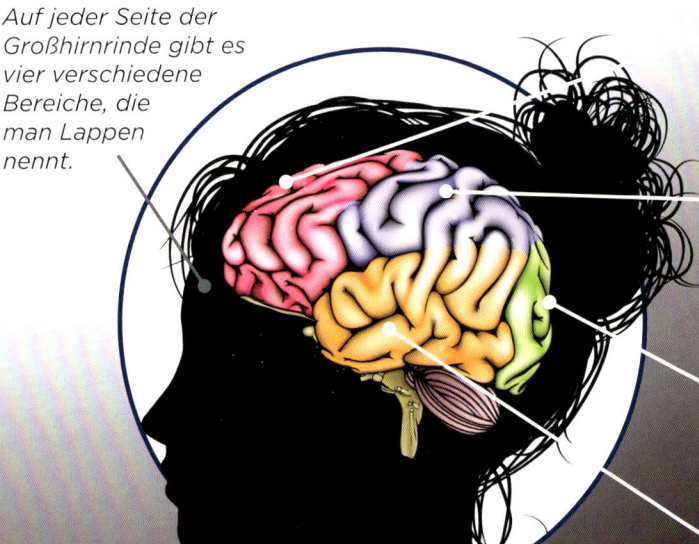

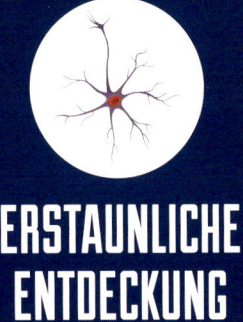

ERSTAUNLICHE ENTDECKUNG

Wissenschaftler: Santiago Ramón y Cajal
Entdeckung: Die Neuronentheorie
Zeit: 1888
Hintergrundinfo: Der spanische Mediziner Ramón y Cajal verwendete neue Techniken zur Untersuchung von Nervenzellen unter dem Mikroskop. Er zeigte, dass sich das Nervensystem aus einzelnen Nervenzellen zusammensetzt, die bei der Übertragung chemischer Anweisungen vorübergehende Verbindungen bilden.

SCHON GEWUSST? Das Gehirn enthält keine Schmerzrezeptoren, weshalb es keine Schmerzen empfinden kann.

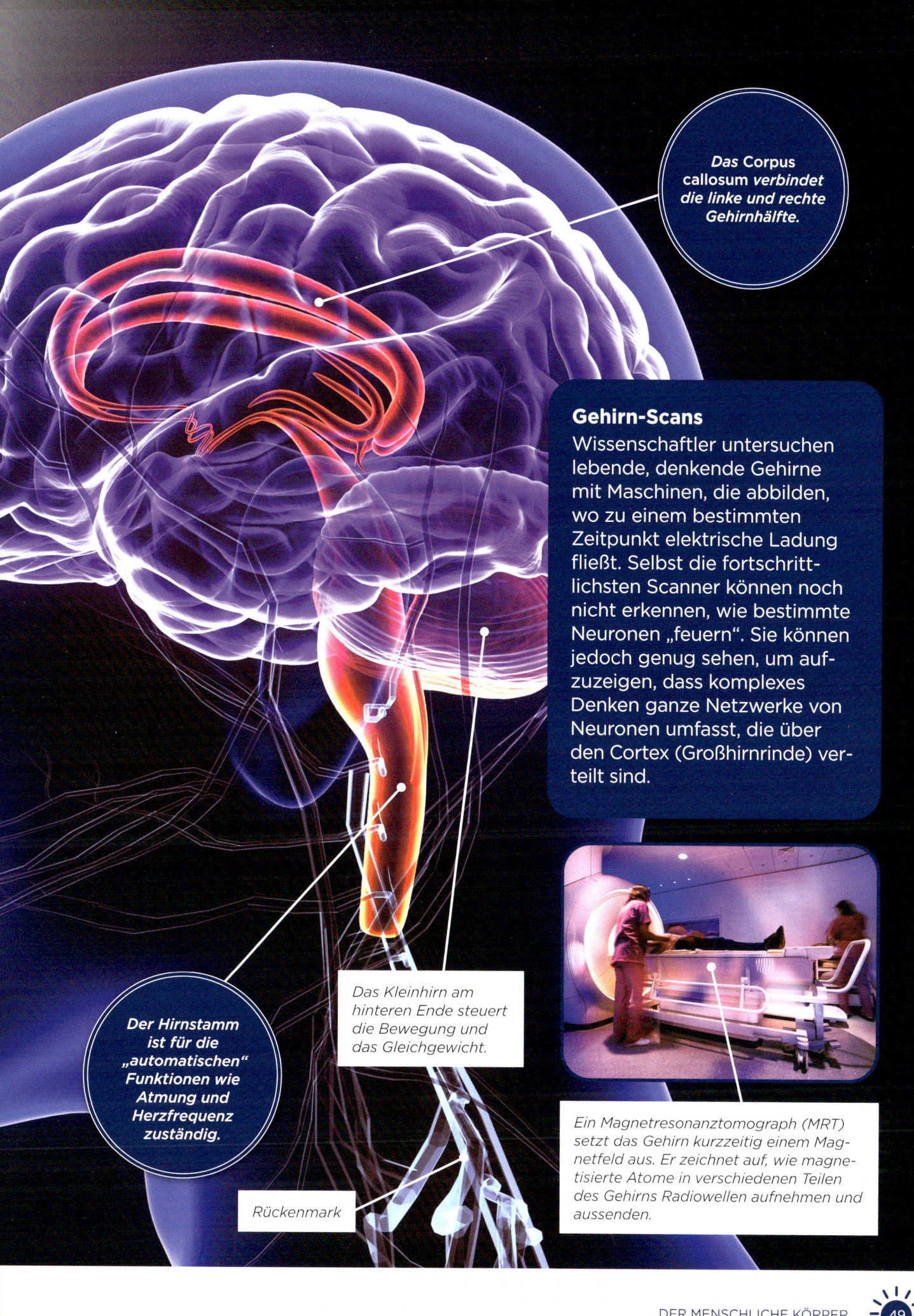

Das Corpus callosum *verbindet die linke und rechte Gehirnhälfte.*

Gehirn-Scans

Wissenschaftler untersuchen lebende, denkende Gehirne mit Maschinen, die abbilden, wo zu einem bestimmten Zeitpunkt elektrische Ladung fließt. Selbst die fortschrittlichsten Scanner können noch nicht erkennen, wie bestimmte Neuronen „feuern". Sie können jedoch genug sehen, um aufzuzeigen, dass komplexes Denken ganze Netzwerke von Neuronen umfasst, die über den Cortex (Großhirnrinde) verteilt sind.

Das Kleinhirn am hinteren Ende steuert die Bewegung und das Gleichgewicht.

Der Hirnstamm ist für die „automatischen" Funktionen wie Atmung und Herzfrequenz zuständig.

Ein Magnetresonanztomograph (MRT) setzt das Gehirn kurzzeitig einem Magnetfeld aus. Er zeichnet auf, wie magnetisierte Atome in verschiedenen Teilen des Gehirns Radiowellen aufnehmen und aussenden.

Rückenmark

Knochen und Muskeln

Knochen sind eine besondere Art von starrem, verhärtetem Gewebe, welches das Gewicht des menschlichen Körpers stützt und ihm seine Form verleiht. Knorpel sind feste, aber flexible Bindegewebe, die das Knochengerüst zusammenhalten. An Knochen befestigte Muskeln können diese in verschiedene Richtungen ziehen, sodass unser Körper seine Form verändern und sich bewegen kann.

Unser Skelett

Babys werden mit 300 Knochen im Körper geboren, aber während wir wachsen, fügt sich ein Teil von ihnen zusammen – deshalb besitzen die meisten Erwachsenen 206 Knochen. Ihre Widerstandsfähigkeit erhalten die Knochen durch ein Mineral namens Calciumphosphat. Trotz ihres soliden Aussehens sind die Knochen innen schwammig und mit einem Gewebe namens Knochenmark gefüllt, das die Blutzellen des Körpers produziert.

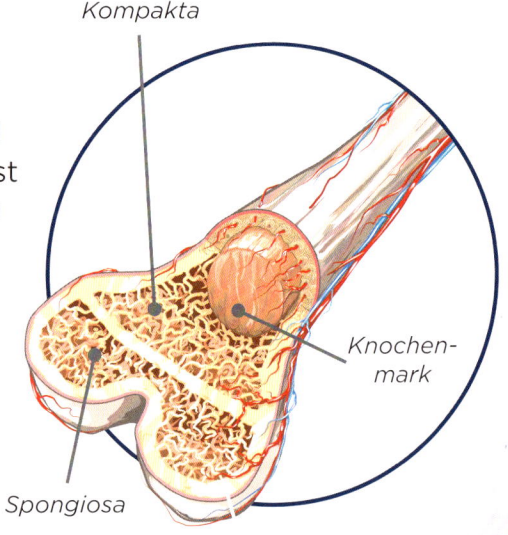

Kompakta

Knochen-mark

Spongiosa

Die meisten unserer Blutzellen werden vom Knochenmark in den großen, kugelartigen Enden langer Knochen, wie dem Oberschenkelknochen oder dem Hüftknochen, hergestellt.

Muskelgewebe

Muskeln bestehen aus speziellen Zellen, die sich verkürzen können, wodurch eine Zugkraft entsteht. Die Skelettmuskulatur kommt am häufigsten vor und setzt sich aus sehnigen Bündeln zusammen. Glatte Muskeln umspannen Blutgefäße und Körperorgane. Der Herzmuskel ist ein besonderer Muskel, der ohne Ruhepausen arbeiten kann.

Muskeln können nur ziehen, aber nicht schieben, daher arbeiten viele Skelettmuskeln in entgegengesetzten Paaren zusammen. Während der eine Muskel sich entspannt und sich der andere zusammenzieht, führen sie eine gemeinsame Bewegung aus.

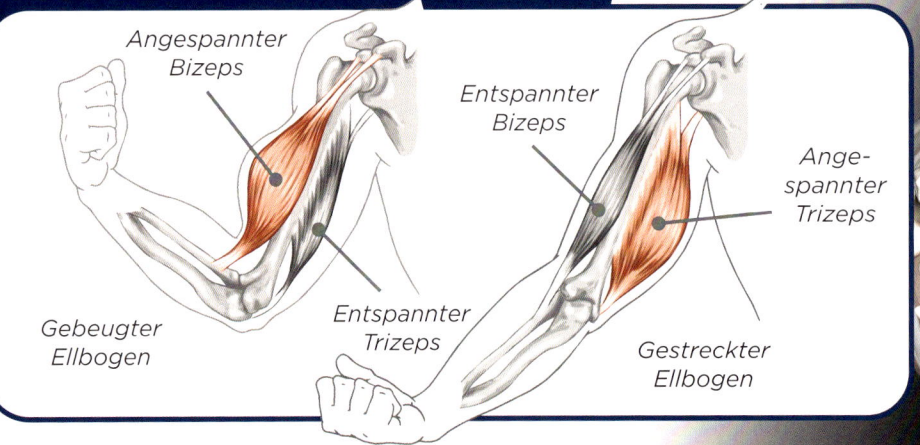

Angespannter Bizeps

Entspannter Bizeps

Ange-spannter Trizeps

Gebeugter Ellbogen

Entspannter Trizeps

Gestreckter Ellbogen

Zusammen enthalten die Füße 52 Knochen – das ist ein Viertel aller Knochen im Körper.

SCHON GEWUSST? Der größte Knochen im menschlichen Körper ist der Oberschenkelknochen. Der kleinste ist der Steigbügel im Mittelohr – er ist nur 3 mm lang.

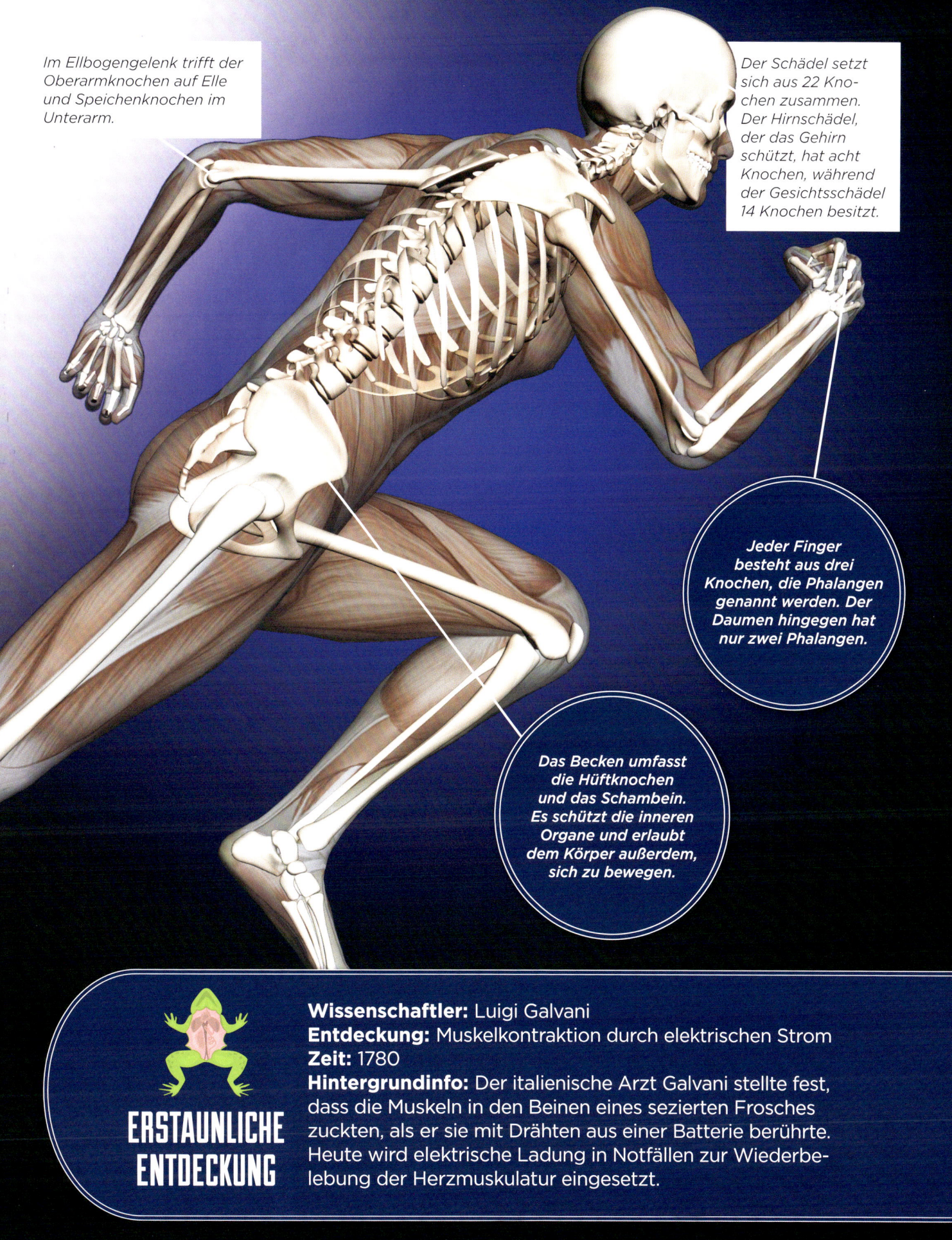

Im Ellbogengelenk trifft der Oberarmknochen auf Elle und Speichenknochen im Unterarm.

Der Schädel setzt sich aus 22 Knochen zusammen. Der Hirnschädel, der das Gehirn schützt, hat acht Knochen, während der Gesichtsschädel 14 Knochen besitzt.

Jeder Finger besteht aus drei Knochen, die Phalangen genannt werden. Der Daumen hingegen hat nur zwei Phalangen.

Das Becken umfasst die Hüftknochen und das Schambein. Es schützt die inneren Organe und erlaubt dem Körper außerdem, sich zu bewegen.

ERSTAUNLICHE ENTDECKUNG

Wissenschaftler: Luigi Galvani
Entdeckung: Muskelkontraktion durch elektrischen Strom
Zeit: 1780
Hintergrundinfo: Der italienische Arzt Galvani stellte fest, dass die Muskeln in den Beinen eines sezierten Frosches zuckten, als er sie mit Drähten aus einer Batterie berührte. Heute wird elektrische Ladung in Notfällen zur Wiederbelebung der Herzmuskulatur eingesetzt.

DAS NERVENSYSTEM

Gehirn und Rückenmark bilden das zentrale Nervensystem. Sie enthalten Neuronen – spezialisierte Nervenzellen, die Informationen über das Gehirn und zwischen Hirn und Körper transportieren. Es gibt zwei weitere Arten von Nervenzellen – sensorische und motorische Nerven –, die für unsere Sinne und unsere Bewegung zuständig sind.

Signale und Synapsen

Informationen wandern als Ausbrüche elektrisch geladener Chemikalien von Nervenzelle zu Nervenzelle. Signale überqueren winzige Lücken zwischen den Nervenzellen, Synapsen genannt, und gelangen durch kurze Fortsätze, die Dendriten, in die nächste Nervenzelle. Signale verlassen die Nervenzelle entlang ihres extralangen Fortsatzes, dem Axon, und wandern über Synapsen in andere Nervenzellen.

Auf zwei Ebenen

Ein Teil des Nervensystems arbeitet automatisch, ohne dass wir darüber nachdenken müssen. Es kontrolliert Organe sowie Körperfunktionen und sendet Signale aus, um den Körper zu entspannen oder ihn auf Aktionen vorzubereiten. Der andere Teil des Nervensystems übernimmt Aufgaben, die komplexere Denkvorgänge erfordern, wie die Interpretation der Sinne und die Bewegung der Muskeln.

Das Rückenmark ist die Verbindungsstraße zwischen Körper und Gehirn. Es ist durch Nerven mit jedem Körperteil verbunden.

Das Axon ist wie ein langer, sehr dünner Draht. Es leitet die von der Nervenzelle ausgehenden elektrischen Signale weiter.

Beim Klopfen mit dem Arzthammer zuckt das Knie unfreiwillig. Dies ist eine Reflexhandlung. Nahegelegene Nervenzellen lassen das Knie zucken, ohne auf Anweisungen des Gehirns zu warten. Solche Reflexe helfen, den Körper vor Schäden zu schützen.

SCHON GEWUSST? Die längste Nervenzelle im menschlichen Körper ist der Ischiasnerv. Er verläuft vom unteren Rücken bis hinunter zur großen Zehe.

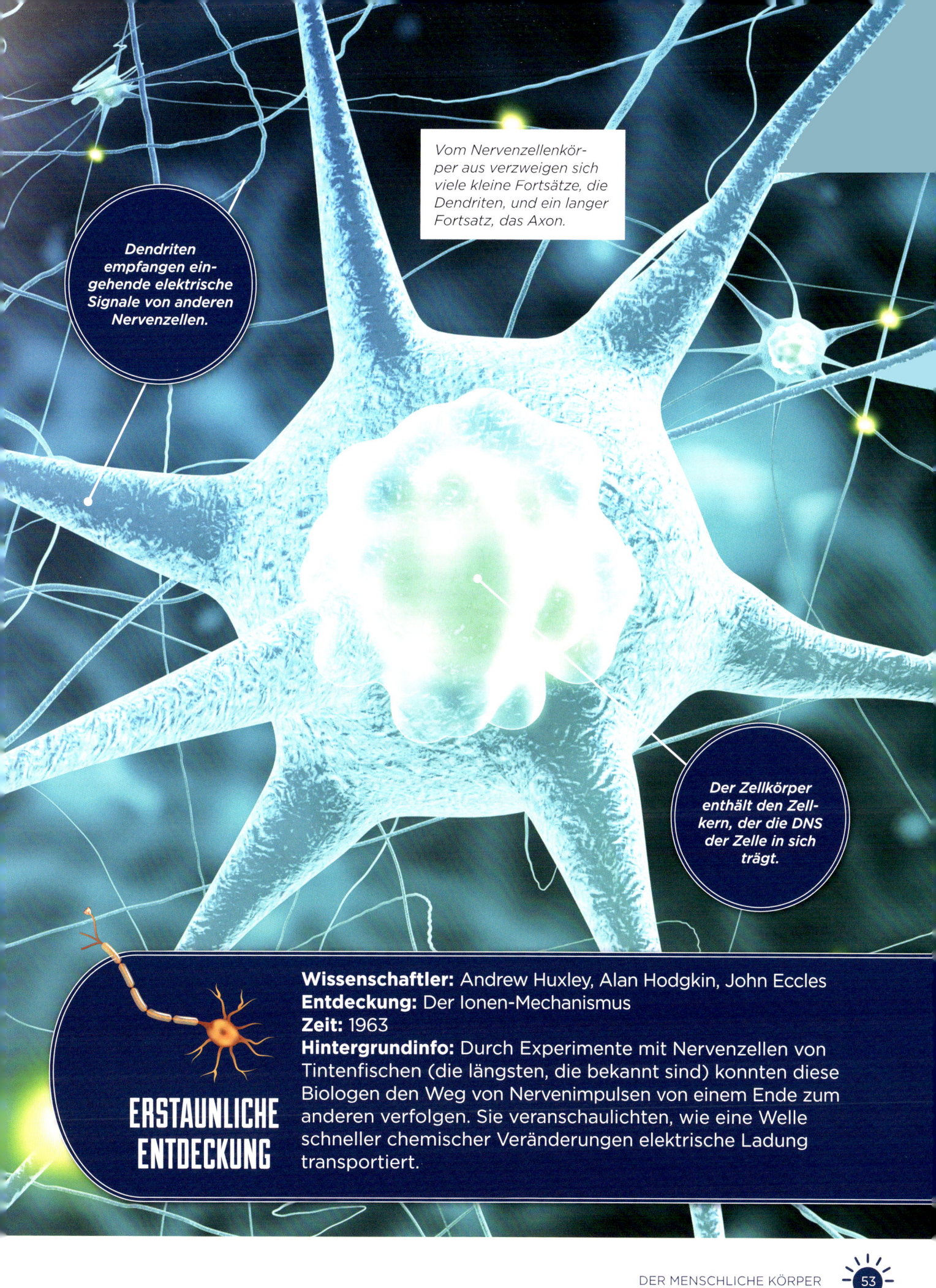

Vom Nervenzellenkörper aus verzweigen sich viele kleine Fortsätze, die Dendriten, und ein langer Fortsatz, das Axon.

Dendriten empfangen eingehende elektrische Signale von anderen Nervenzellen.

Der Zellkörper enthält den Zellkern, der die DNS der Zelle in sich trägt.

ERSTAUNLICHE ENTDECKUNG

Wissenschaftler: Andrew Huxley, Alan Hodgkin, John Eccles
Entdeckung: Der Ionen-Mechanismus
Zeit: 1963
Hintergrundinfo: Durch Experimente mit Nervenzellen von Tintenfischen (die längsten, die bekannt sind) konnten diese Biologen den Weg von Nervenimpulsen von einem Ende zum anderen verfolgen. Sie veranschaulichten, wie eine Welle schneller chemischer Veränderungen elektrische Ladung transportiert.

HAUT UND HAAR

Genau wie das Herz oder die Leber ist die Haut ein Organ – ein Teil des Körpers mit einer bestimmten Aufgabe. Ihre Schichten haben Nerven, Haare und Drüsen, die das empfindliche innere Gewebe des Körpers schützen, seine Temperatur konstant halten und uns Berührungen ermöglichen.

Hautstruktur

Die Haut besteht aus drei Schichten. Die äußere Epidermis (Oberhaut) besteht aus Zellen ohne Blutversorgung und bildet eine wasserdichte Barriere. Die Lederhaut verfügt über eine reiche Blutversorgung und viele Sinnesrezeptoren. Die Unterhaut liegt direkt über Muskeln, Knochen und Organen. Sie speichert die Brennstoffreserven des Körpers in Form von Fett.

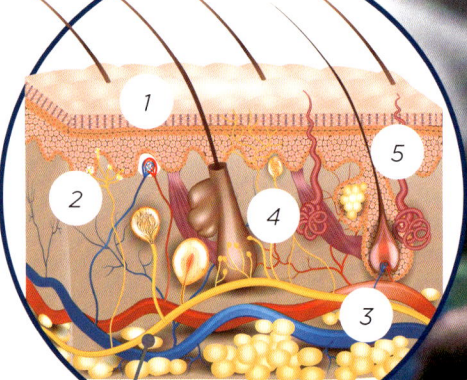

Dieser Querschnitt der Haut zeigt ihre drei Schichten: 1. Epidermis (Oberhaut) 2. Dermis (Lederhaut) 3. Hypodermis (Unterhaut). Die Lederhaut enthält Haarfolikel (4) und Sinnesrezeptoren (5).

Jeder Follikel enthält zwei Pigmente. Die genaue Mischung entscheidet darüber, wie dunkel oder hell das Haar ist.

Haare sind dünne Fasern eines Proteins namens Keratin. Sie wachsen aus Wurzeln, den sogenannten Follikeln, die sich in der Lederhaut befinden.

SCHON GEWUSST? Unser Körper stößt pro Minute 30 000-40 000 Hautzellen ab.

Mit zunehmendem Alter verliert die Haut an Elastizität. Es entstehen Linien und Falten.

Haar

Im Vergleich zu den meisten Säugetieren hat der Mensch sehr wenig Haar, aber es erfüllt dennoch wichtige Aufgaben. Kopfbehaarung schützt uns vor Sonnenbrand und dem Verlust von Körperwärme. Augenbrauen, Wimpern sowie Nasen- und Ohrenhaare verhindern das Eindringen von Krankheitserregern, Staub und Parasiten in den Körper. Einige Haare dienen außerdem unserem Tastsinn.

In der Epidermis treten ältere Hautzellen an die Oberfläche. Dort ebnen sie sich, trocknen aus und blättern schließlich ab.

Haut und Haare halten unsere Temperatur konstant. Haare tragen dazu bei, dass Schweiß auf unserer Haut verdunstet und uns abkühlt. Sie können auch aufrecht stehen, um eine Luftschicht in der Nähe der Haut einzuschließen, die uns erwärmt.

ERSTAUNLICHE ENTDECKUNG

Wissenschaftler: Ibn Sina (Avicenna)
Entdeckung: Hautcreme
Zeit: 1025
Hintergrundinfo: Der persische Philosoph Ibn Sina schrieb in seinem medizinischen Handbuch von 1025 über Hauterkrankungen. Er empfahl die Verwendung von Zinkoxid, einer chemischen Verbindung, die bis heute zur Linderung von Ausschlägen verwendet wird.

DAS VERDAUUNGSSYSTEM

Wie alle Tiere, so muss auch der Mensch Energie aus der Nahrung gewinnen, um zu überleben. Dieser Prozess wird Verdauung genannt. Eine Reihe von Organen, die durch den Magen-Darm-Trakt miteinander verbunden sind, zerlegen die Nahrung, nehmen die nützlichen Nährstoffe aus der Nahrung auf und entsorgen jegliche Abfallstoffe.

Die Leber produziert Galle, die hilft, Fette zu verdauen sowie Cholesterin und andere Abfallprodukte abzubauen.

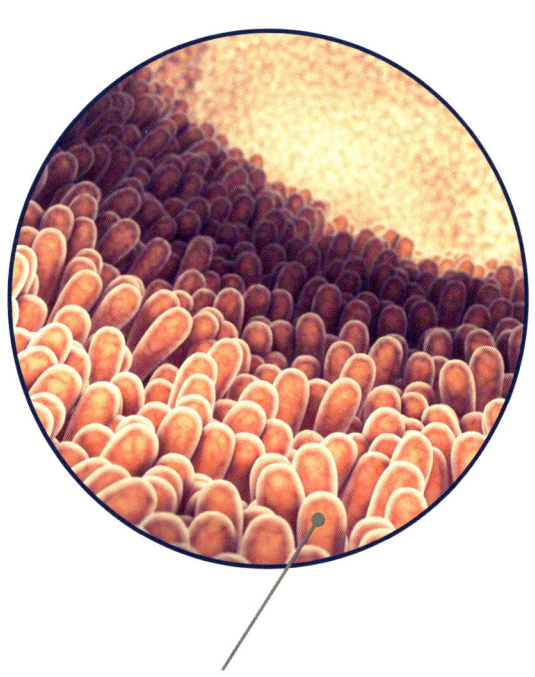

Rein und raus

Wenn wir schlucken, wird die zerkaute Nahrung durch die Speiseröhre (Ösophagus) in den Magen befördert. Hier zerdrücken starke Muskeln die Nahrung, und die Magensäfte beginnen, sie zu zersetzen. Der Darm nimmt die Nährstoffe aus der Nahrung in den Blutkreislauf auf und sondert Abfälle ab, die aus dem Enddarm herausgedrückt werden.

Der Dünndarm ist mit Tausenden von winzigen Ausstülpungen, den Zotten, ausgekleidet. Die verdauten Nährstoffe gelangen durch ihre dünnen Wände in den Blutkreislauf.

Der Dickdarm verarbeitet die wässrigen Abfälle, die den Dünndarm verlassen. Er absorbiert Wasser zurück in den Blutkreislauf und erzeugt festen Abfall, den Kot.

ERSTAUNLICHE ENTDECKUNG

Wissenschaftler: Jan Baptiste van Helmont
Entdeckung: Chemische Verdauungsprozesse
Zeit: 1609 (Seine Erkenntnisse wurden erst nach seinem Tod durch seinen Sohn vollständig veröffentlicht.)
Hintergrundinfo: Van Helmont argumentierte gegen die weit verbreitete Vorstellung, Wärme sei für die Zersetzung der Nahrung im Magen verantwortlich. Er führte an, dass die Verdauung hauptsächlich durch chemische Stoffe erfolge – moderne Wissenschaftler sprechen hier von Enzymen.

SCHON GEWUSST? Der Dünndarm ist etwa 6 m lang. Der Dickdarm ist nur etwa 1,5 m lang, aber viel breiter.

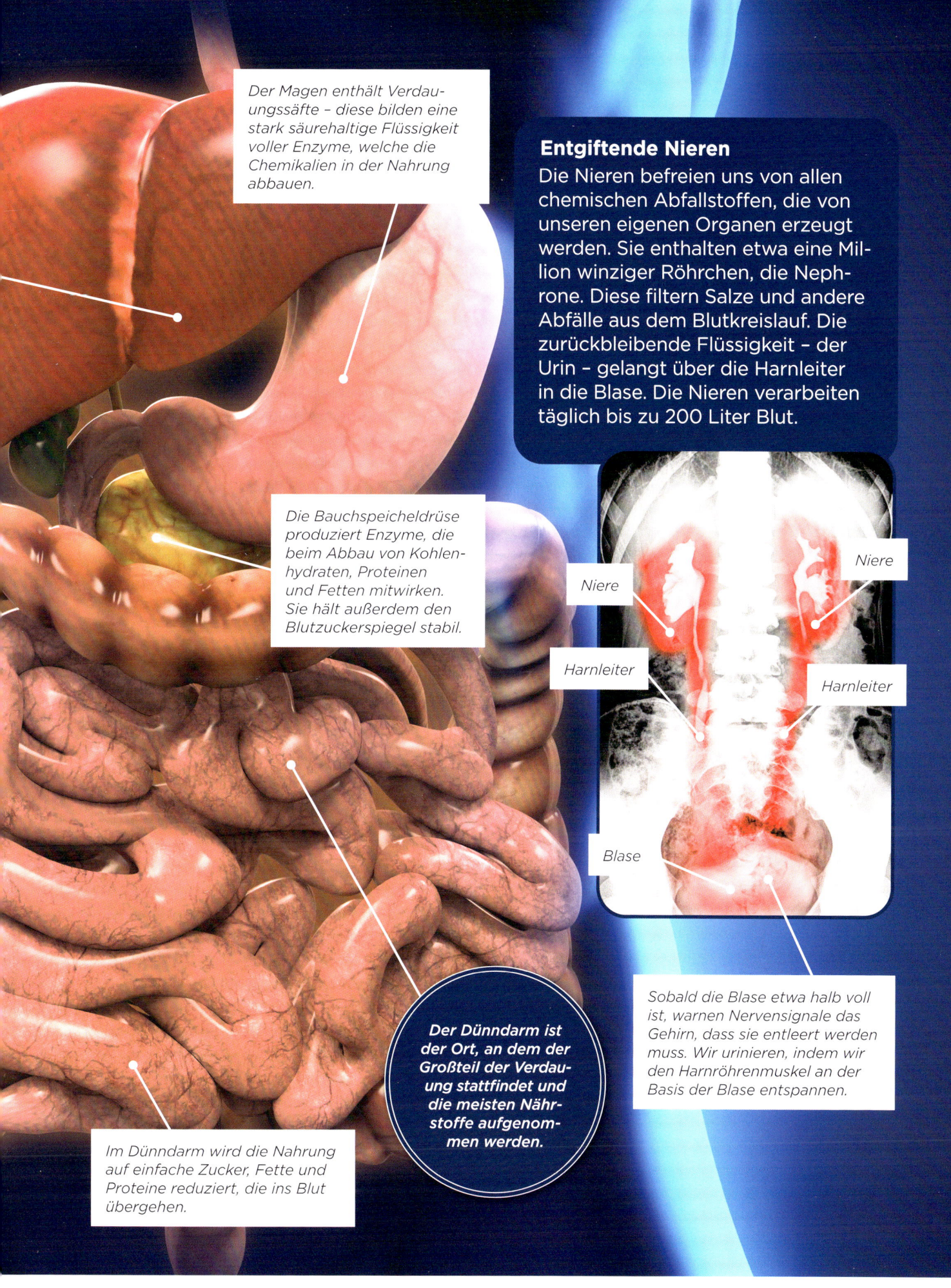

Der Magen enthält Verdauungssäfte – diese bilden eine stark säurehaltige Flüssigkeit voller Enzyme, welche die Chemikalien in der Nahrung abbauen.

Entgiftende Nieren

Die Nieren befreien uns von allen chemischen Abfallstoffen, die von unseren eigenen Organen erzeugt werden. Sie enthalten etwa eine Million winziger Röhrchen, die Nephrone. Diese filtern Salze und andere Abfälle aus dem Blutkreislauf. Die zurückbleibende Flüssigkeit – der Urin – gelangt über die Harnleiter in die Blase. Die Nieren verarbeiten täglich bis zu 200 Liter Blut.

Die Bauchspeicheldrüse produziert Enzyme, die beim Abbau von Kohlenhydraten, Proteinen und Fetten mitwirken. Sie hält außerdem den Blutzuckerspiegel stabil.

Niere

Niere

Harnleiter

Harnleiter

Blase

Der Dünndarm ist der Ort, an dem der Großteil der Verdauung stattfindet und die meisten Nährstoffe aufgenommen werden.

Sobald die Blase etwa halb voll ist, warnen Nervensignale das Gehirn, dass sie entleert werden muss. Wir urinieren, indem wir den Harnröhrenmuskel an der Basis der Blase entspannen.

Im Dünndarm wird die Nahrung auf einfache Zucker, Fette und Proteine reduziert, die ins Blut übergehen.

HERZ, BLUT UND LUNGE

Blut ist das Transportsystem des Körpers. Es wird mithilfe unseres kräftigen Herzmuskels durch unseren Körper gepumpt und befördert viele verschiedene Chemikalien und andere Materialien. Die wichtigste Aufgabe des Blutes ist es, Sauerstoff von den Lungen zu den Muskeln zu transportieren, damit diese arbeiten können.

Blut besteht aus einer wässrigen Flüssigkeit, die Plasma genannt wird. Das meiste davon besteht aus roten Blutkörperchen. Es gibt aber auch weiße Blutkörperchen, die Krankheiten bekämpfen, und Blutplättchen, die bei der Blutgerinnung helfen.

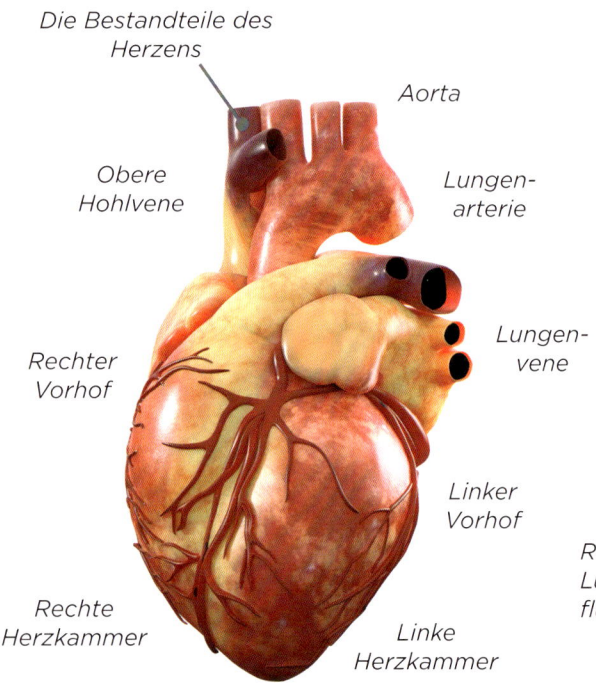

Die Bestandteile des Herzens

Aorta

Obere Hohlvene

Lungen-arterie

Lungen-vene

Rechter Vorhof

Linker Vorhof

Rechte Herzkammer

Linke Herzkammer

Der Blutkreislauf

Das Herz ist eine hohle Muskelpumpe. Sie hat eine linke und eine rechte Hälfte. Jede Hälfte hat eine Herzkammer und einen Vorhof. Bei jedem Herzschlag erhält der linke Vorhof sauerstoffreiches Blut und die linke Herzkammer pumpt es in den Körper. Gleichzeitig erhält der rechte Vorhof sauerstoffarmes Blut, und die rechte Herzkammer pumpt es in die Lungen.

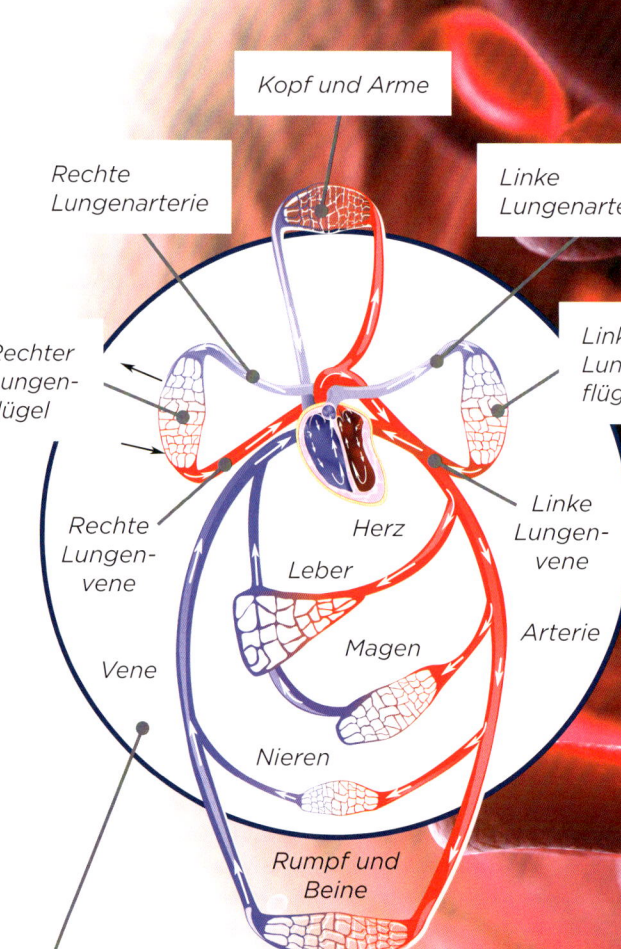

Kopf und Arme

Rechte Lungenarterie

Linke Lungenarterie

Rechter Lungen-flügel

Linker Lungen-flügel

Rechte Lungen-vene

Linke Lungen-vene

Herz

Leber

Arterie

Magen

Vene

Nieren

Rumpf und Beine

Das Herz pumpt Blut über die Lungen-arterien in die Lungen. Die Lungenvenen transportieren das sauerstoffreiche Blut (rot) zurück zum Herzen. Die Arterien leiten das Blut zu allen Teilen des Körpers und die Venen transportieren sauerstoff-armes Blut (blau) zurück zum Herzen.

SCHON GEWUSST? Schätzungen zufolge ist die Lunge das größte Organ des Körpers – würde man ihre Oberfläche flach ausbreiten, würde sie etwa die Fläche eines Tennisplatzes bedecken.

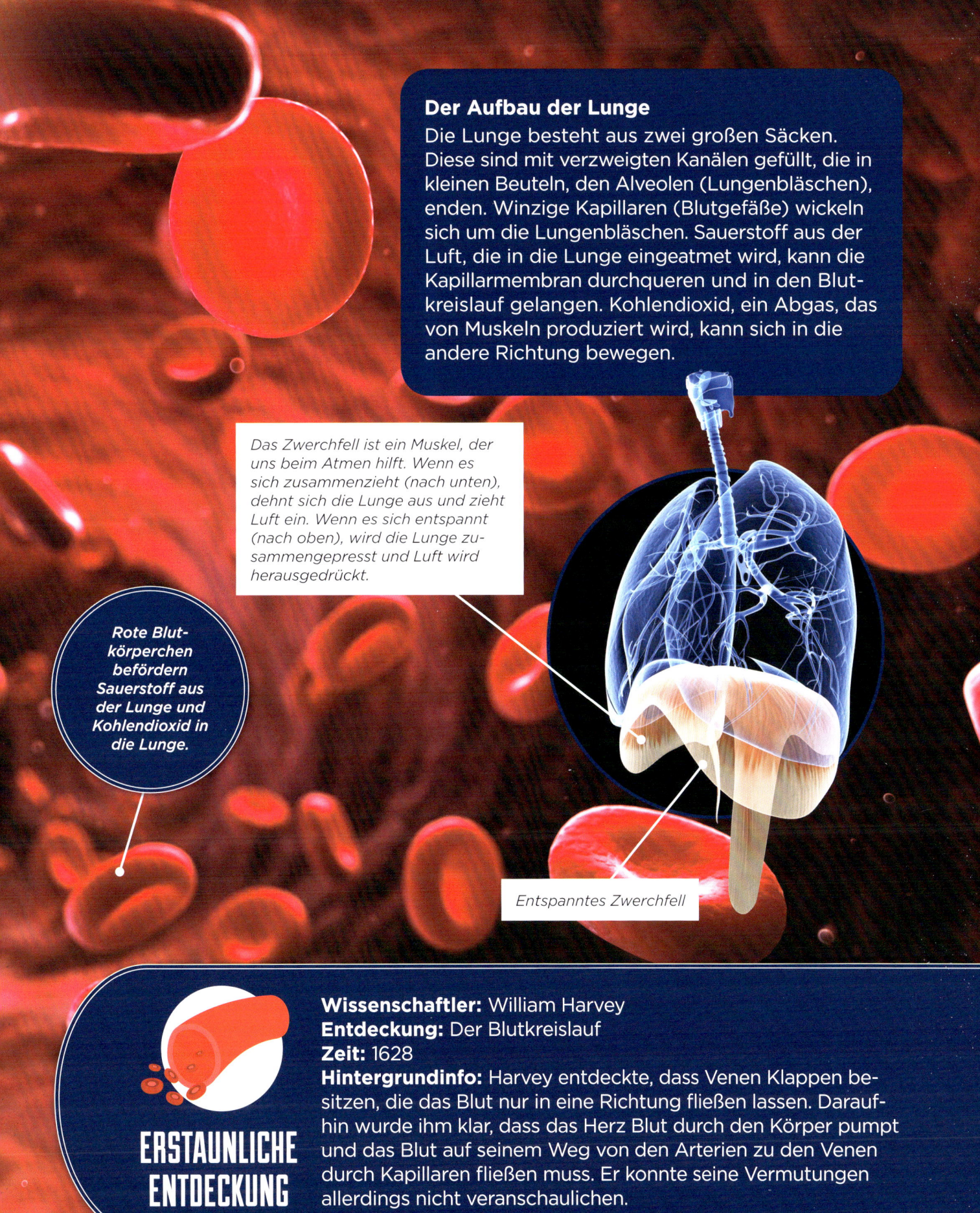

Der Aufbau der Lunge

Die Lunge besteht aus zwei großen Säcken. Diese sind mit verzweigten Kanälen gefüllt, die in kleinen Beuteln, den Alveolen (Lungenbläschen), enden. Winzige Kapillaren (Blutgefäße) wickeln sich um die Lungenbläschen. Sauerstoff aus der Luft, die in die Lunge eingeatmet wird, kann die Kapillarmembran durchqueren und in den Blutkreislauf gelangen. Kohlendioxid, ein Abgas, das von Muskeln produziert wird, kann sich in die andere Richtung bewegen.

Das Zwerchfell ist ein Muskel, der uns beim Atmen hilft. Wenn es sich zusammenzieht (nach unten), dehnt sich die Lunge aus und zieht Luft ein. Wenn es sich entspannt (nach oben), wird die Lunge zusammengepresst und Luft wird herausgedrückt.

Rote Blutkörperchen befördern Sauerstoff aus der Lunge und Kohlendioxid in die Lunge.

Entspanntes Zwerchfell

ERSTAUNLICHE ENTDECKUNG

Wissenschaftler: William Harvey
Entdeckung: Der Blutkreislauf
Zeit: 1628
Hintergrundinfo: Harvey entdeckte, dass Venen Klappen besitzen, die das Blut nur in eine Richtung fließen lassen. Daraufhin wurde ihm klar, dass das Herz Blut durch den Körper pumpt und das Blut auf seinem Weg von den Arterien zu den Venen durch Kapillaren fließen muss. Er konnte seine Vermutungen allerdings nicht veranschaulichen.

Wo kommen die Babys her?

Es dauert neun Monate, bis eine befruchtete Eizelle zu einem Baby heranwächst, das in der Lage ist, außerhalb des Körpers seiner Mutter zu überleben. Während dieser Zeit versorgt ein spezielles Organ im Bauch der Frau, der Uterus oder auch Gebärmutter genannt, den sich entwickelnden Fötus mit allem, was er zum Wachsen und Entwickeln braucht.

In der Gebärmutter ist der Fötus in einem mit Flüssigkeit gefüllten Beutel, der sogenannten Fruchtblase, geschützt.

Von der Befruchtung zum Fötus

Jeden Monat zwischen dem Teenageralter und Anfang fünfzig setzt einer der Eierstöcke einer Frau eine winzige Eizelle frei. Sie besteht aus nur einer Zelle und enthält die Hälfte der genetischen Information, die für die Produktion eines weiteren Menschen erforderlich ist. Wenn sie mit dem Sperma eines Mannes befruchtet wird, erhält sie die andere Hälfte des genetischen Materials. Dann kann sie beginnen, sich zu teilen und sich zu einem komplexeren Embryo zu entwickeln. Mit acht Wochen wird dieser zu einem Fötus.

Dieses Schaubild zeigt den Weg einer Eizelle vom Eierstock zur Gebärmutter. Ein Spermium befruchtet die Eizelle auf ihrem Weg durch den Eileiter und ihre Zellen beginnen sich immer wieder zu teilen. Durch die Befruchtung wird die Gebärmutterschleimhaut für die Aufnahme des Embryos verdickt. In der Gebärmutter kann es sich sicher zu einem Baby entwickeln.

1 Eizelle
2 Befruchtung
3 Zellteilung
4 Der Embryo nistet sich in der Gebärmutterschleimhaut ein.

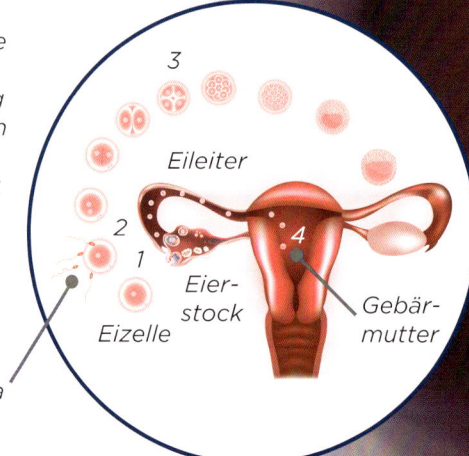

3
Eileiter
2
1
Eier-
stock
4
Eizelle
Sperma
Gebär-
mutter

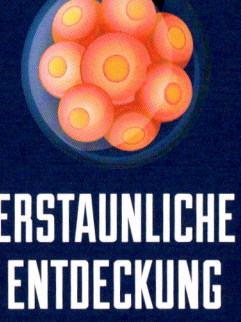

ERSTAUNLICHE ENTDECKUNG

Wissenschaftler: Patrick Steptoe, Robert Edwards
Entdeckung: In-vitro-Fertilisation (künstliche Befruchtung)
Zeit: 1978 (das erste „Retortenbaby" kommt auf die Welt)
Hintergrundinfo: Um einem Paar zu helfen, das auf natürlichem Weg keine Kinder bekommen konnte, setzten diese Ärzte in einem Labor das Sperma des Vaters in die Eizelle ein (In-vitro-Fertilisation oder IVF) und pflanzten den Embryo in die Gebärmutter der Mutter ein. So entstand das erste Baby aus dem Reagenzglas.

SCHON GEWUSST? In den letzten zehn Wochen der Schwangerschaft müssen Frauen etwa 10 % mehr Nahrung zu sich nehmen.

Die Nabelschnur versorgt das Baby mit Sauerstoff sowie Nahrung und sorgt für den Abtransport seines Stoffwechselabfalls. Sie ist an einem Ende mit dem späteren Bauchnabel des Babys verbunden und am anderen Ende mit dem Mutterkuchen, der Plazenta.

Ein durchschnittliches Baby wiegt bei der Geburt 2,7-4,1 kg und ist etwa 52 cm groß.

Ein Baby kommt zur Welt

Im neunten Schwangerschaftsmonat dreht sich das Baby in der Regel so, dass sein Kopf auf den Gebärmutterhals (Öffnung der Gebärmutter) drückt. Der Druck veranlasst die Gebärmutter, mit einer Reihe von Kontraktionen (Wehen) zu reagieren, die mit der Zeit immer stärker werden. Schließlich öffnet sich der Gebärmutterhals und das Baby wird durch den Geburtskanal in die Außenwelt gepresst.

Menschliche Babys sind hilfloser als die von Tieren und benötigen ständige Pflege. Mehrere Monate lang sind sie vollständig auf die Muttermilch angewiesen, bevor sie schließlich feste Nahrung zu sich nehmen.

DAS IMMUNSYSTEM

Unser Körper wird ständig von winzigen Organismen angegriffen, die Krankheiten verursachen, doch er verfügt über verschiedene Abwehrmechanismen. Wasserfeste Haut, Schutzhaare und klebriger Schleim bilden die erste Barriere gegen Eindringlinge. Wenn Krankheitserreger dennoch eindringen, ist das Immunsystem bereit zum Angriff.

Die Verteidigungszellen

Unser Immunsystem besteht aus verschiedenen Arten von weißen Blutkörperchen, die Eindringlinge abwehren können – Neutrophile, Eosinophile, Basophile, Lymphozyten, Monozyten und Mastzellen. Diese können schädliche Bakterien, Viren und andere Mikroben verschlingen und verdauen oder sie mit chemischen Waffen bekämpfen. Lymphozyten und Monozyten arbeiten zusammen und verwenden dabei Botenstoffe, die man Antikörper nennt.

Unser Körper kann sich an Krankheitserreger „erinnern", denen er schon einmal ausgesetzt war. Lymphozyten bekämpfen diese dann mit maßgeschneiderten Antikörpern.

Die beiden Haupttypen von Krankheitserregern sind einfache Einzeller, die sogenannten Bakterien und Viren. Das sind Kapseln mit fehlerhafter genetischer Information, die in unsere Zellen eindringen und diese verändern können.

Virus

Bakterium

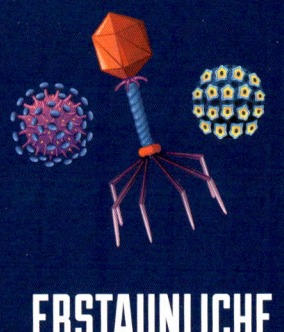

ERSTAUNLICHE ENTDECKUNG

Wissenschaftler: Dmitri Iossifowitsch Iwanowski, Martinus Beijerinck
Entdeckung: Die Virologie
Zeit: 1892 (Erkenntnisse veröffentlicht), 1899 (Erkenntnisse von Beijerink bestätigt)
Hintergrundinfo: Als der russische Botaniker Iwanowski eine Krankheit untersuchte, die den Tabakanbau schädigte, entdeckte er, dass die Infektion durch etwas viel Kleineres als ein Bakterium verursacht worden sein musste. Einige Jahre später benannte Beijerinck diese winzigen Infektionserreger als Viren.

SCHON GEWUSST? Wissenschaftler haben etwa 5000 Viren untersucht, aber es gibt wahrscheinlich Millionen davon. Mehr als 200 von ihnen können eine Erkältung verursachen.

Dieser Organismus ist ein Grippevirus. Um sich fortzupflanzen, muss er in eine Wirtszelle eindringen und diese zerstören.

Der Lymphozyt setzt Blutproteine, sogenannte Antikörper, frei, die gegen die Eindringlinge vorgehen.

Diese Antikörper passen perfekt zum Grippevirus. Sie bleiben daran haften und zerstören das Virus.

Allergien

Allergische Reaktionen treten auf, wenn unser Immunsystem überreagiert. Basophile, Monozyten und Mastzellen können alle eine Chemikalie namens Histamin freisetzen. Sie bewirkt, dass Nervenenden empfindlich werden und jucken, die Schleimproduktion steigt und die Haut anschwillt. Histaminreaktionen reichen von einer laufenden Nase oder einem irritierenden Hautausschlag bis hin zu einer gefährlichen Schwellung der Atemwege.

Wenn durch den Stich eines Insekts Mikroorganismen in den Körper gelangen, kann dies die Freisetzung von Histamin auslösen. Auf diese Art bekämpft unser Körper Infektionen.

DIE SELBSTHEILUNG DES KÖRPERS

Unser Körper hat eine erstaunliche Fähigkeit, sich selbst zu heilen, nachdem er geschädigt worden ist. Wunden und Knochenbrüche heilen innerhalb von Tagen bis Wochen von selbst. Wir können sogar neues Gewebe für unsere Organe erzeugen, dank der erstaunlichen Eigenschaft von Stammzellen.

Wundheilung durch Schorf

Wenn eine Verletzung die Haut durchbricht, bluten wir – und dieses Blut hilft uns bei der Heilung. Winzige Zellen, die Thrombozyten, heften sich an das geschädigte Gewebe, wodurch der Blutfluss verlangsamt wird. Gleichzeitig setzt die Wunde Chemikalien frei, die das Blut um die Blutplättchen herum verdicken und schließlich einen Schorf bilden.

Diese weiße Linie auf dem Röntgenbild zeigt, wo sich der Knochenbruch befand. Inzwischen ist er verheilt.

Dieses Röntgenbild des Handgelenks und der Unterarmknochen eines zehnjährigen Kindes wurde drei Wochen nach einem Knochenbruch aufgenommen.

Thrombozyten sind normalerweise flach und plattenförmig, aber sie verändern ihre Form, wenn sie das Blut gerinnen lassen: Sie verwandeln sich dann in stachelige Bälle, die sich aneinander binden.

Weißes Blutkörperchen

Rotes Blutkörperchen

Der gebrochene Knochen wird versuchen zu heilen, in welcher Position er auch immer sein mag. Die Ärzte sorgten also dafür, dass sich die Knochenenden korrekt aneinander reihten und legten den Arm des Kindes während der Heilung in einen starren Gips und eine unterstützende Schlinge.

ERSTAUNLICHE ENTDECKUNG

Wissenschaftler: James Till, Ernest McCulloch
Entdeckung: Stammzellen
Zeit: 1963
Hintergrundinfo: Durch Experimente am Knochenmark von Mäusen kamen Till und McCulloch zu einigen der ersten Beweise für die Existenz von Stammzellen – Zellen, die viele Arten von Gewebe bilden können. Heute verwenden wir Stammzellen in der regenerativen Medizin.

SCHON GEWUSST? Die Zunge und die Mundhöhle sind die am schnellsten heilenden Körperteile – dort können kleinere Schäden in nur wenigen Stunden abheilen.

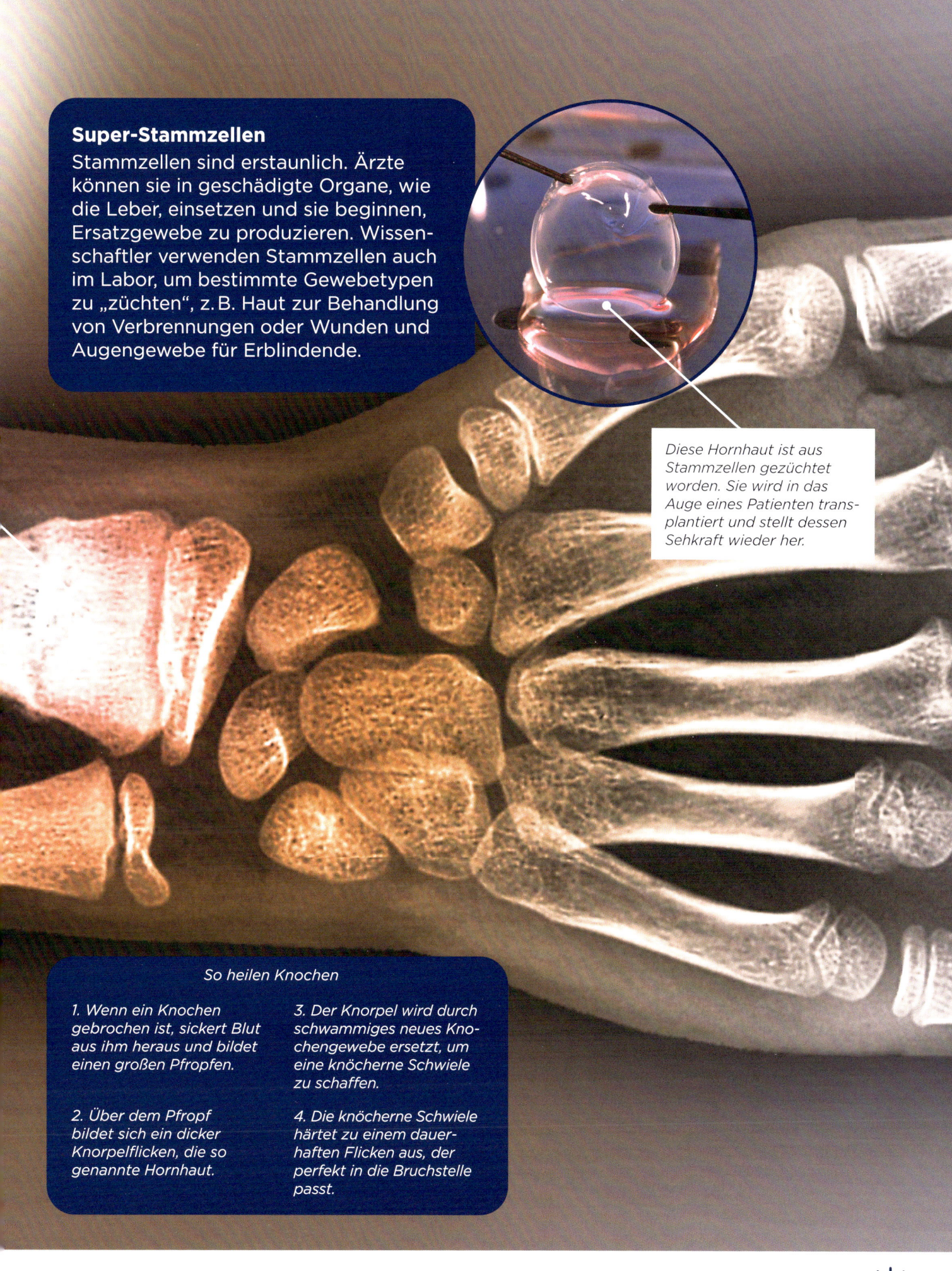

Super-Stammzellen

Stammzellen sind erstaunlich. Ärzte können sie in geschädigte Organe, wie die Leber, einsetzen und sie beginnen, Ersatzgewebe zu produzieren. Wissenschaftler verwenden Stammzellen auch im Labor, um bestimmte Gewebetypen zu „züchten", z. B. Haut zur Behandlung von Verbrennungen oder Wunden und Augengewebe für Erblindende.

Diese Hornhaut ist aus Stammzellen gezüchtet worden. Sie wird in das Auge eines Patienten transplantiert und stellt dessen Sehkraft wieder her.

So heilen Knochen

1. Wenn ein Knochen gebrochen ist, sickert Blut aus ihm heraus und bildet einen großen Pfropfen.

2. Über dem Pfropf bildet sich ein dicker Knorpelflicken, die so genannte Hornhaut.

3. Der Knorpel wird durch schwammiges neues Knochengewebe ersetzt, um eine knöcherne Schwiele zu schaffen.

4. Die knöcherne Schwiele härtet zu einem dauerhaften Flicken aus, der perfekt in die Bruchstelle passt.

PHYSIK HERRSCHT ÜBERALL

Die Physik ist die Wissenschaft, die die Funktionsweise des gesamten Universums erklärt. Ihre Regeln gelten für alle Bereiche der Wissenschaft und wir können die Physik überall in der Welt um uns herum in Aktion sehen.

Die Physik besagt, dass die Geschwindigkeit einer Rakete von ihrer Masse abhängt.

Kräfte und Arbeit

Wir alle werden von Kräften beeinflusst. Die Schwerkraft zieht Dinge in Richtung Boden, während die Reibung Objekte verlangsamt. Ohne Kräfte würde sich im Universum nie etwas ändern. Eine Kraft kann die Geschwindigkeit eines Objekts, seine Richtung oder sogar seine Form verändern. Wenn eine auf ein Objekt ausgeübte Kraft das Objekt bewegt, wird dies als Arbeit bezeichnet. Arbeit wandelt Energie in verschiedene Formen um oder überträgt Energie von einem Objekt auf ein anderes.

Das physikalische Wissen führt zum Bau erstaunlicher Maschinen. Wir können z.B. so schwierige Projekte, wie den Start von Raketen ins All, durchführen.

Der Mann nutzt eine Zugkraft, um den Korb vorwärts zu bewegen. Die chemische Energie in seinem Körper verwandelt sich in Bewegungsenergie.

Auch andere Kräfte wirken auf den Korb: Reibung (Widerstand vom Boden) und Schwerkraft (siehe Seiten 70-71).

ERSTAUNLICHE ENTDECKUNG

Wissenschaftler: Galileo Galilei
Entdeckung: Das Relativitätsprinzip
Zeit: 1632
Hintergrundinfo: Das Relativitätsprinzip des italienischen Wissenschaftlers Galilei besagt, dass man nicht unterscheiden kann, ob man sich auf einem Körper befindet, der sich mit konstanter Geschwindigkeit bewegt, oder auf einem Körper, der sich überhaupt nicht bewegt. Er dachte auch darüber nach, ob sich die Erde um die Sonne oder die Sonne um die Erde dreht.

SCHON GEWUSST? Beim Start erzeugten die Haupttriebwerke des Space Shuttles 1,86 Millionen Newton, um die Kraft der Erdanziehung zu überwinden.

Die Geschwindigkeit, die benötigt wird, um der Schwerkraft der Erde zu entkommen, wird Fluchtgeschwindigkeit genannt – sie beträgt etwa 40 000 km/h.

Die Rakete wird so lange beschleunigt, bis die Kraft, die sie antreibt (Schub), größer ist als die Kräfte, die sie nach unten ziehen (Schwerkraft und Luftwiderstand).

Maßgeschneidert

Kräfte werden in der Einheit Newton gemessen. Wenn wir einen 1 kg schweren Sack Zucker hochheben, spüren wir dank der Schwerkraft eine Fallkraft von fast 10 Newton. Arbeit wird in Joule gemessen. Wenn eine Kraft von 1 Newton ein Objekt um 1 m bewegt, beträgt die geleistete Arbeit 1 Joule.

Um die gesamte Antriebskraft für dieses Schnellboot zu ermitteln, muss man die durch das Wasser erzeugte Widerstands- oder Reibungskraft von der Schubkraft des Motors abziehen.

NEWTONSCHE GESETZE

Der Wissenschaftler Isaac Newton legte das Fundament der modernen Physik mit seinen drei Grundgesetzen der Bewegung. Diese Gesetze beschreiben die Art und Weise, wie sich Objekte bewegen, wie sie aufeinander reagieren und wie Kräfte ihre Bewegung beeinflussen können.

Wenn die abwärts gerichtete Schwerkraft auf die Achterbahn wirkt, verändert sie ihre Schwungkraft.

Das erste und zweite Gesetz

Das erste newtonsche Gesetz besagt, dass sich Objekte im Ruhezustand befinden oder sich mit gleichmäßiger Geschwindigkeit (in eine Richtung) bewegen, es sei denn, sie werden von Kräften beeinflusst. Sein zweites Gesetz besagt, dass je größer die Kraft ist, die auf das Objekt einwirkt, desto größer ist die Veränderung seiner Schwungkraft (die Masse eines Objekts mal seine Geschwindigkeit).

Dieser Gepard wiegt etwa 74 kg, aber der Bulle wiegt zehnmal so viel. Der Gepard ist fünfmal so schnell wie der Bulle, aber er verfügt nur über die Hälfte seiner Schwungkraft.

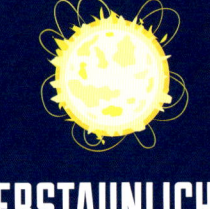

ERSTAUNLICHE ENTDECKUNG

Wissenschaftler: Isaac Newton
Entdeckung: Newtonsche Gesetze
Zeit: 1687
Hintergrundinfo: Der Naturforscher Newton wollte die länglichen Bahnen der Kometen in der Umlaufbahn der Sonne verstehen. Er erkannte, dass sie einfachen Bewegungsgesetzen folgten – sie wurden von der mächtigen Gravitationskraft der Sonne beeinflusst.

SCHON GEWUSST? Das zweite newtonsche Gesetz zeigt, warum Objekte unterschiedlicher Masse die gleiche Fallgeschwindigkeit haben – die Schwerkraft der Erde beschleunigt sie in jeder Sekunde mit 9,8 m pro Sekunde.

Nach dem ersten newtonschen Gesetz bleibt ein Objekt so, wie es ist, es sei denn, eine Kraft beeinflusst es. Die Kraft, die die Achterbahn in Gang bringt, stammt von der mechanischen Kette, die sie auf ihren ersten Höhepunkt zieht.

Die Abwärtsstrecken der Achterbahnfahrt demonstrieren das zweite newtonsche Gesetz. Die Masse der Autos und Fahrer kombiniert mit der Schwerkraft, sorgen dafür, dass die Autos die Strecke hinunter rasen.

Wenn die Fahrgäste gegen ihre Sitze gedrückt werden, wirkt die gleiche Kraft ebenso in entgegengesetzter Richtung auf die Fahrgäste ein.

Aktion und Reaktion

Das dritte newtonsche Bewegungsgesetz besagt, dass ein Körper auf die Kraft reagiert, die auf ihn einwirkt. Diese Kraft ist gleich der ursprünglichen Kraft, wirkt aber in die entgegengesetzte Richtung. Wenn die Massen zweier Objekte gleich sind, stoßen sie sich mit der gleichen Geschwindigkeit voneinander ab.

Wenn ein schwerer Schläger Kraft auf einen leichten Ball ausübt, verleiht er dem Ball eine hohe Geschwindigkeit. Der Schläger hingegen prallt mit einer viel geringeren Geschwindigkeit zurück. Die Geschwindigkeiten sind nicht gleich, weil Schläger und Ball unterschiedliche Massen haben.

Die Schwerkraft

Die Schwerkraft zieht Fallschirmspringer nach unten. Wenn sich ihre Fallschirme öffnen, werden sie durch die Reibungskraft gebremst.

Die Schwerkraft ist die Kraft, die unseren Planeten um die Sonne kreisen lässt und unsere Füße auf dem Boden hält. Sie ist eine Anziehungskraft zwischen Objekten mit Masse. Zwischen kleinen Massen ist sie zu schwach, um wahrgenommen zu werden. Zwischen größeren Objekten ist die Schwerkraft so stark, dass sie sich über den Weltraum ausdehnen und die Form des Universums beeinflussen kann.

Die Kraft, die unseren Alltag bestimmt

Isaac Newton war der erste, der behauptete, dass die gleiche Kraft, die einen Apfel von einem Baum fallen lässt, auch den Mond in der Erdumlaufbahn hält. Er bemerkte, dass Objekte mit einer größeren Masse mehr Anziehungskraft besitzen. Haben von zwei Objekten beide eine große Masse, ist die Anziehungskraft zwischen ihnen noch stärker. Die Schwerkraft eines Objekts wird jedoch allmählich schwächer, je weiter man sich von ihm entfernt.

Erde

Mond

Die Schwerkraft zieht das Flugzeug in Richtung Erde, aber seine Flügel erzeugen eine Auftriebskraft, um seinen Fall zu stoppen.

Die Masse und Größe des Mondes ist geringer als die der Erde. Seine Schwerkraft beträgt nur ein Sechstel der Schwerkraft der Erde, sodass Astronauten trotz ihrer sperrigen Raumanzüge dort umherhüpfen können.

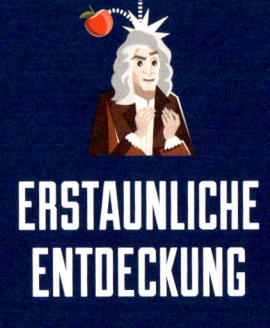

ERSTAUNLICHE ENTDECKUNG

Wissenschaftler: Robert Hooke, Isaac Newton (links)
Entdeckung: Das Gravitationsgesetz
Zeit: 1666–1687
Hintergrundinfo: Newtons Rivale Hooke war der Erste, der die Theorie aufstellte, dass alle massiven Objekte ein Gravitationsfeld erzeugen, welches sich bis in den Weltraum ausdehnt. Newton hat gezeigt, dass sich dadurch die gekrümmten Umlaufbahnen der Planeten erklären lassen.

SCHON GEWUSST? Schwarze Löcher haben eine derart starke Anziehungskraft, dass sich niemals etwas schnell genug bewegen kann, um ihnen zu entkommen – nicht einmal Licht!

Die Erde verhält sich so, als ob ihre gesamte Masse in ihrem Kern liege, da sie eine kugelförmige Gestalt hat. Ihre Schwerkraft zieht die Fallschirmspringer deshalb in Richtung ihres Kerns.

Schwerelosigkeit

Astronauten im Weltraum leben in Schwerelosigkeit. Das liegt nicht daran, dass es auf einer Raumstation keine Schwerkraft gibt. Sie erfahren fast die gleiche Anziehungskraft auf die Erde wie wir. Der Unterschied besteht darin, dass sich alles andere um sie herum mit der gleichen Geschwindigkeit bewegt – sei es die Umlaufgeschwindigkeit der Raumstation oder die Geschwindigkeit, mit der sie sich um die Erde bewegt.

Diese Astronautin und der Inhalt der Raumstation schweben nicht – sie fallen. Die Umlaufgeschwindigkeit der Raumstation bewirkt nämlich, dass sie um die Erde herum statt auf sie hinunterfallen.

Masse und Gewicht sind nicht dasselbe. Die Masse eines Fallschirmspringers entspricht der Menge an Materie, die sein Körper enthält. Sein Gewicht ist ein Maßstab für die Schwerkraft, die auf diese Masse wirkt.

Das zweite newtonsche Gesetz (siehe Seite 68-69) besagt, dass zwei Fallschirmspringer gemeinsam mit der gleichen Geschwindigkeit wie ein einzelner Fallschirmspringer fallen.

WELLEN

Eine Welle beschreibt eine Störung, die Energie oder Bewegung in eine bestimmte Richtung überträgt. Die Physik beschäftigt sich mit verschiedensten Wellentypen. Die aus dem Alltag bekanntesten Typen sind Wasser- und Schallwellen.

Das Messen von Wellen

Es gibt drei Messwerte für eine Welle: Wellenlänge, Frequenz und Amplitude. Die Wellenlänge ist der Abstand von einem Höchstwert zum nächsten. Die Frequenz ist die Anzahl der Höchstwerte, die je Sekunde einen bestimmten Punkt erreichen. Die Gesamtgeschwindigkeit einer Welle ist gleich ihre Wellenlänge mal ihre Frequenz. Die Amplitude beschreibt die Stärke einer Welle selbst.

Von der Stelle aus, an der der Stein auf das Wasser trifft, breiten sich Wellen aus, die Energie befördern. Auch Meereswellen übertragen Energie.

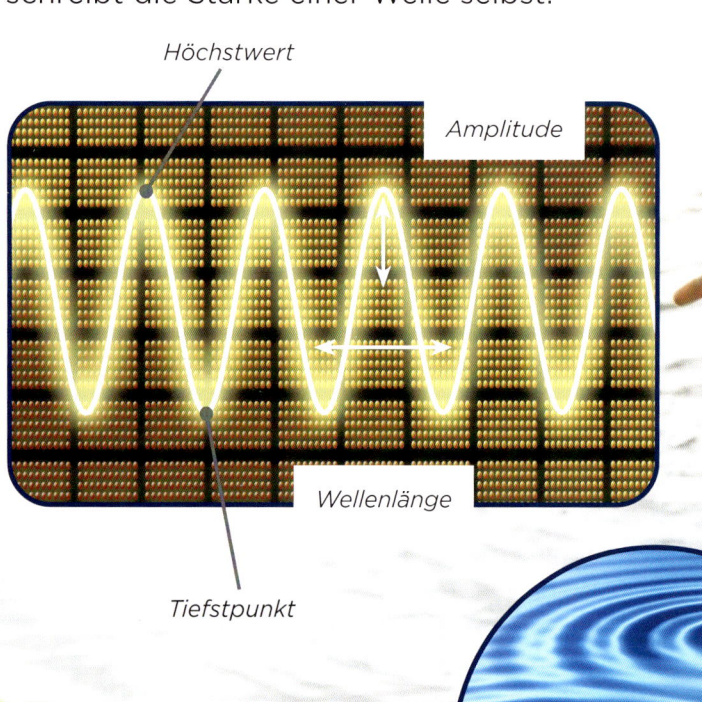

Höchstwert

Amplitude

Wellenlänge

Tiefstpunkt

Wenn sich zwei Wellen überlagern, addieren sich ihre Wirkungen. Die Wellen werden dort stärker, wo sie sich ordentlich aneinander reihen, verschwinden aber dort, wo sie dies nicht tun – diesen Effekt nennt man Interferenz.

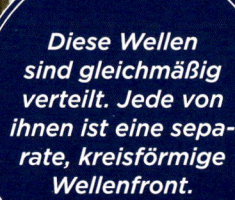

Diese Wellen sind gleichmäßig verteilt. Jede von ihnen ist eine separate, kreisförmige Wellenfront.

SCHON GEWUSST? Schall, eine Longitudinalwelle (Längswelle), bewegt sich bei einer Temperatur von 20 °C etwa 343 m pro Sekunde. Lichtwellen, die transversal (Querwelle) sind, breiten sich ungefähr eine Million Mal schneller aus.

Wissenschaftler: Christiaan Huygens
Entdeckung: Huygenssches Prinzip
Zeit: 1678
Hintergrundinfo: Der niederländische Mathematiker Huygens war der Erste, der beschrieb, dass sich Licht wellenförmig bewegt. Er hat außerdem festgestellt, dass von jedem Punkt einer Wellenfront eine neue Welle ausgeht.

ERSTAUNLICHE ENTDECKUNG

Diese Wasserwellen sind transversal. Sie transportieren Energie über die Wasseroberfläche, während sie sich auf und ab bewegen.

Die Eigenschaften von Wellen

Es gibt zwei Haupttypen von Wellen: Transversal- und Longitudinalwellen. Jede hat eine Wellenlänge, Frequenz und Amplitude, jedoch bewegen sie sich auf unterschiedliche Weise. Fast alle Wellen benötigen ein Trägermaterial – eine Substanz, die als Medium bezeichnet wird.

Die Wellen bewegen sich auf und ab.

Ausbreitungsrichtung

Transversalwellen (z. B. Licht)
Transversalwellen bewegen sich in S-förmigen Wellen. Das bedeutet, sie schwingen senkrecht zur Ausbreitungsrichtung auf und ab.

Die Wellen bewegen sich vor und zurück.

Ausbreitungsrichtung

Das Medium ist gestaucht.

Das Medium ist gestreckt.

Longitudinalwellen (z. B. Schall)
Longitudinalwellen bewegen sich in geraden Linien. Sie schwingen entlang der Ausbreitungsrichtung hin und her.

WÄRME UND ENERGIE

Energie ist die Kraft, um Arbeit zu verrichten und Dinge geschehen zu lassen. Energie kann nicht geschaffen oder zerstört werden, sondern unterliegt einem ständigen Wandel. Wärme ist eine Energieform, die die einzelnen Atome in einem Material in Bewegung versetzt. Andere Arten von Energie gehen oft in Form von Wärme „verloren" und können dann nicht mehr zurückgewonnen werden.

Energieformen

Energie kann viele Formen annehmen. Bewegte Objekte besitzen kinetische Energie. Potenzielle Energie ist Energie, die gespeichert und bereit ist, für zukünftige Arbeiten verwendet zu werden. Chemische Energie wird freigesetzt, wenn bei einer chemischen Reaktion Bindungen entstehen (siehe Seite 13).

> *Blitze erhitzen die Luft um sich herum auf Temperaturen von mehr als 27 000 °C.*

Wärmeleitung

Es gibt drei Hauptwege, auf denen sich Wärmeenergie von einem Ort zum anderen bewegt. Die Wärmeleitung in Festkörpern (siehe Seite 9) nennt man Konduktion. Die Energie wandert dabei von einem Atom zum nächsten, wobei Metalle Wärme besser leiten als Holz. Unter Konvektion versteht man die Wärmeleitung in Flüssigkeiten und Gasen. Durch eine kreisförmige Bewegung, dehnen sich hier heiße Bereiche aus und fließen in kühlere Bereiche. Wärme breitet sich außerdem in Form von Infrarotstrahlung aus (siehe Seite 80).

Die Sonne leitet Wärme auf allen drei Wegen: Durch Wärmeleitung wird die Energie von Atom zu Atom transportiert. Durch Konvektion dehnen sich heißere Teilchen aus und steigen auf, um an die Stelle der Teilchen mit weniger Energie zu treten. Strahlung befördert die Wärme in den Weltraum.

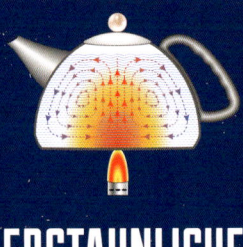

ERSTAUNLICHE ENTDECKUNG

Wissenschaftler: Nicolas Léonard Sadi Carnot und andere
Entdeckung: Die Entropie
Zeit: ab 1824
Hintergrundinfo: Anfang des 19. Jahrhunderts entdeckten Ingenieure und Physiker, dass es unmöglich ist, Energie von einer Energieform in eine andere zu übertragen, ohne dabei etwas von ihr zu verlieren – meist in Form von Wärme. Die verlorene Energie dient nun keiner nutzbringenden Arbeit mehr. Dieser Zustand wird Entropie genannt.

SCHON GEWUSST? Bei -273,15 °C hören alle Atome auf, sich zu bewegen und verfügen über keinerlei kinetische Energie. Es handelt sich um den unteren Grenzwert der Temperatur, den absoluten Nullpunkt.

Ein einziger Blitz setzt rund fünf Milliarden Joule an Energie frei.

Ein Blitzeinschlag umfasst vier Hauptenergiearten: Elektrizität, Wärme, Licht und Schall.

Das ist ein Kugelstoßpendel. Die drei Bälle auf der rechten Seite besitzen weder potentielle Energie noch kinetische Energie, da sie sich nicht bewegen. Die Kugel auf der linken Seite hingegen verfügt über potentielle Energie, da sie angehoben wurde. Über kinetische Energie verfügt sie jedoch auch nicht. Erst wenn der Junge den Ball loslässt, wird dieser sich bewegen und somit kinetische Energie erhalten.

ELEKTRIZITÄT UND MAGNETISMUS

Der Fluss von elektrischem Strom und die Fähigkeit eines Magneten, Metallgegenstände anzuziehen, mögen sehr unterschiedlich wirken, dennoch unterliegen sie der gleichen Kraft – dem Elektromagnetismus. Beide erzeugen Kraftfelder, die Objekte anziehen oder abstoßen.

Elektromagnetismus

Jedes Objekt mit elektrischer Ladung erzeugt um sich herum ein elektromagnetisches Feld. Dieses zieht andere Objekte mit entgegengesetzter Ladung an und stößt solche mit gleicher Ladung ab. Ein sich änderndes elektromagnetisches Feld kann hingegen bewirken, dass ein elektrischer Strom durch ein leitendes Material fließt.

Eisenkern

gewickelter Draht

Bei diesem einfachen Elektromagneten fließt elektrischer Strom durch einen gewickelten Draht, um ein Magnetfeld zu erzeugen. Der Eisenkern in der Mitte der Spule verstärkt die Magnetkraft.

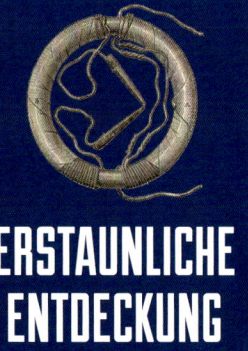

ERSTAUNLICHE ENTDECKUNG

Wissenschaftler: Michael Faraday
Entdeckung: Die elektromagnetische Induktion
Zeit: 1831
Hintergrundinfo: Faraday entdeckte die Induktion beim Experimentieren mit Drahtspulen auf gegenüberliegenden Seiten eines Eisenrings. Beim Durchleiten von Strom durch eine Spule wurde das Eisen kurzzeitig magnetisiert und das sich ändernde Magnetfeld bewirkte einen kurzen Stromfluss in der anderen Spule.

76   **SCHON GEWUSST?** Alle paar hunderttausend Jahre kehrt sich die Richtung des Erdmagnetfeldes vollständig um.

Die Aufgabe dieses riesigen Elektromagneten ist es, Eisenschwamm zu bewegen – eine Form von Eisenerz, die in der Stahlindustrie verwendet wird.

Das Magnetfeld des Elektromagneten ist stärker als die Schwerkraft, sodass er den Eisenschwamm anheben kann.

Wenn sich der Elektromagnet über der Stelle befindet, an der der Eisenschwamm benötigt wird, wird sein elektrischer Strom abgeschaltet. Er ist dann nicht mehr magnetisch, sodass der Eisenschwamm auf den Boden fällt.

Die Metalle Eisen und Stahl sind magnetisch.

Magnete

Die Fähigkeit von Magneten, Metallobjekte anzuziehen und abzustoßen, ist seit etwa 3000 Jahren bekannt. Ein Magnet ist von einem unsichtbaren Bereich umgeben, der besondere Eigenschaften hat – seinem Magnetfeld. Die Stärke und Richtung der magnetischen Wirkung unterscheidet sich an den verschiedenen Stellen des Feldes. Am stärksten ist die magnetische Anziehungskraft jedoch nahe des Magneten.

Eisenspäne, die um einen Magneten herum verstreut sind, richten sich nach dessen Magnetfeld um ihn herum aus. Alle Magnete haben zwei Pole. Diese werden Nord- und Südpol genannt, um dem Magnetfeld der Erde zu entsprechen.

DIE GEHEIMNISSE DES LICHTS

Licht ist eine Energieform, die sich in einer Reihe winziger Wellen ausbreitet. Der größte Teil unseres Lichts wird von der Sonne oder von elektrischem Licht erzeugt. Es bewegt sich extrem schnell – in der Tat kann sich nichts im Universum schneller als mit Lichtgeschwindigkeit fortbewegen.

Licht sehen

Licht ist eine Mischung von Wellenlängen, die unsere Augen als unterschiedliche Farbtöne wahrnehmen. Rotes Licht hat die längste Wellenlänge, Blau und Violett die kürzeste. Ein rotes T-Shirt sieht deshalb rot aus, weil Farbstoffmoleküle im Stoff Licht aus dem blau-violetten Ende des Spektrums absorbieren, und nur rotes Licht reflektiert wird.

Nachts, wenn es kein Sonnenlicht gibt, nutzen wir künstliches elektrisches Licht. Die ersten elektrischen Straßenlaternen wurden 1875 erfunden.

Was wir als weißes Licht sehen, setzt sich aus vielen Farbtönen zusammen. Wenn weißes Licht durch ein Prisma fällt, können wir das Spektrum des sichtbaren Lichts sehen, das an den gegenüberliegenden Enden blau und rot scheint.

ERSTAUNLICHE ENTDECKUNG

Wissenschaftler: Isaac Newton
Entdeckung: Das Lichtspektrum
Zeit: 1672
Hintergrundinfo: Newton zerlegte einen Sonnenlichtstrahl mit einem Prisma in ein Spektrum (Regenbogen) und führte dieses Spektrum dann wieder zu weißem Licht zusammen. Er zeigte zum ersten Mal, dass weißes Licht aus den verschiedenen Farbtönen des Spektrums besteht.

SCHON GEWUSST? Licht bewegt sich mit 299 793 km pro Sekunde – das ist schnell genug, um den Mond in etwa 1,3 Sekunden zu erreichen.

Licht-Tricks

Licht bewegt sich von seiner Quelle aus in einer geraden Linie und prallt an Objekten ab (wodurch wir sie sehen können). Mikroskope und Teleskope verwenden Linsen, um das Licht zu brechen, und Spiegel, um es zu reflektieren. Sie können mehr Licht sammeln als unsere Augen es je könnten und erzeugen vergrößerte Bilder.

Eine Lupe krümmt die Wege der Lichtstrahlen, die von den Worten ausgehen. Dadurch entsteht eine nähere und größere Version der Wörter.

Lichter machen unsere Städte sicherer, aber sie verhindern auch, dass wir den Nachthimmel sehen können.

Neonlichter sind Röhren, die das Element Neon (ein Gas) enthalten. Wenn Elektrizität durch das Gas strömt, gibt es Licht in einem bestimmten Farbton ab.

Das Licht befindet sich hinter diesem Baum, was zur Folge hat, dass der Bereich vor dem Baum im Schatten liegt.

UNSICHTBARE STRAHLEN

Sichtbares Licht ist nur eine Art von elektromagnetischer Strahlung. Es hat einen begrenzten Bereich von Wellenlängen, die unsere Augen wahrnehmen können. Darüber hinaus gibt es weitere Formen von Strahlung, die für uns unsichtbar sind. Sie übertragen Energie von Objekten, die viel heißer oder kälter sind als diejenigen, die sichtbares Licht abgeben.

Elektromagnetisches Spektrum

Radiowellen haben die längste Wellenlänge und werden von den kühlsten, energieärmsten Objekten erzeugt. Wir nutzen sie für den Rundfunk und für Radioteleskope. Mikrowellen bilden den nächsten Bereich des Spektrums. Wir verwenden sie zum Senden von Handysignalen. Infrarotstrahlung wird von allem erzeugt, das warm ist. Dann folgt das sichtbare Licht. Und schließlich gibt es noch ultraviolette Strahlung (UV-Strahlung), Röntgenstrahlen und super-energetische, kurzwellige Gammastrahlen.

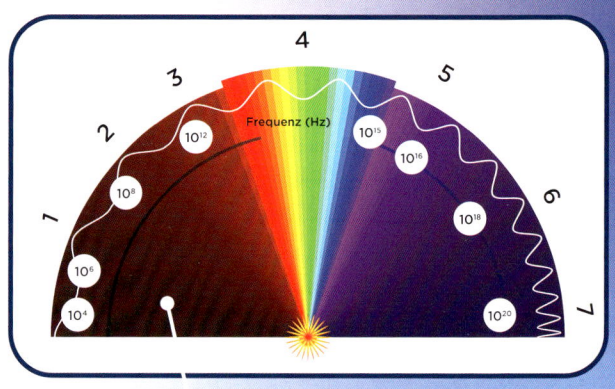

Die verschiedenen Strahlungsarten werden in ein Spektrum von langen Wellen, die wenig Energie übertragen, bis zu kurzen Wellen, die viel Energie übertragen, unterteilt. Sichtbares Licht ist nur ein kleiner Teil dieses elektromagnetischen Spektrums.

Strahlungsarten
1. Radiowelle
2. Mikrowelle
3. Infrarot
4. Sichtbares Licht
5. Ultraviolett (UV)
6. Röntgenstrahlung
7. Gammastrahlung

Strahlung in Aktion

Die Sicht von Teleskopen auf der Erde wird durch unsere Atmosphäre verzerrt, deshalb funkeln auch die Sterne. Weltraumteleskope können den Astronomen hingegen eine klarere Sicht ermöglichen. Neben der sichtbaren Strahlung fangen sie auch unsichtbare Strahlen, wie Infrarot-, Röntgen- und Gammastrahlen von Sternen und anderen Objekten ein.

Infrarot-Teleskope verwenden Schutzschilde, um die Sonne zu blockieren, und kaltes Gas zur Kühlung ihrer Instrumente. Dadurch können sie schwache Strahlen erkennen, die von kaltem Staub und Gas im Weltraum ausgehen.

SCHON GEWUSST? Radiowellen haben die niedrigste Frequenz im elektromagnetischen Spektrum und die größte Wellenlänge – mehr als 100 km.

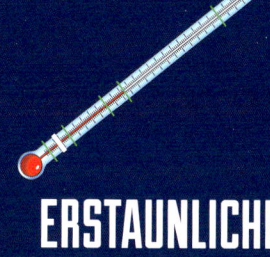

ERSTAUNLICHE ENTDECKUNG

Wissenschaftler: William Herschel
Entdeckung: Die Infrarotstrahlung
Zeit: 1800
Hintergrundinfo: Der Astronom Herschel lenkte Licht durch ein Prisma und ermittelte die Temperatur jedes Farbtons. Knapp hinter dem roten Bereich des Spektrums, in dem kein sichtbares Licht vorhanden war, stellte er einen Temperaturanstieg fest. Er erkannte, dass es dort eine Art von Licht geben muss, das wir nicht sehen können. Er nannte es Infrarot.

Der Körper erzeugt Wärme, die als Infrarotstrahlung abgegeben wird. Geeignete Kleidung verhindert, dass diese Wärme in die Atmosphäre entweicht und verlorengeht.

Die Strahlung der Sonne deckt das gesamte elektromagnetische Spektrum ab, von Radiowellen bis zur Gammastrahlung.

Eine Schutzbrille schirmt die Augen dieses Bergsteigers vor der schädlichen UV-Strahlung der Sonne ab.

VERSTECKTE KRÄFTE

Vier fundamentale Kräfte sind für jede Art von Zusammenspiel und Beziehung verantwortlich, welche die Materie im Universum betreffen. Zwei davon, Gravitation (Schwerkraft) und Elektromagnetismus, wirken über große Entfernungen. Die beiden anderen sind viel stärker, aber nur auf der winzigen Skala der Teilchen im Inneren des Atomkerns spürbar.

Protonen prallen in speziellen Detektoren aufeinander. Sie bewegen sich mit 99,9 % der Lichtgeschwindigkeit.

Der Large Hadron Collider (LHC) in der Schweiz ist der leistungsstärkste Teilchenbeschleuniger der Welt. Er zertrümmert Teilchen mit hoher Geschwindigkeit, um die Bausteine aller Materie und die Kräfte, die sie steuern, zu finden.

Zwei Strahlen mit Milliarden von Protonen schießen in entgegengesetzten Richtungen durch den Collider.

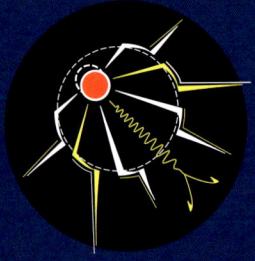

ERSTAUNLICHE ENTDECKUNG

Wissenschaftler: Shin'ichirō Tomonaga, Julian Schwinger, Richard Feynman
Entdeckung: Quantenelektrodynamik
Zeit: 1940er-Jahre, 1965 erhielten die drei Wissenschaftler für ihre Theorie den Nobelpreis für Physik.
Hintergrundinfo: Diese Physiker erklärten die Wirkung des Elektromagnetismus als einen schnellen Austausch von „Boten"-Teilchen, die als Eichbosonen bezeichnet werden. Diese transportieren Kraft zwischen normalen Materieteilchen. Seither haben auch andere diese Idee verwendet, um die beiden Kernkräfte zu beschreiben.

SCHON GEWUSST? Jedes Proton umkreist die LHC-Spur mehr als 11 000 Mal pro Sekunde – das entspricht einer Reise zum Neptun und zurück –, bevor es mit den Protonen kollidiert, die aus der anderen Richtung kommen.

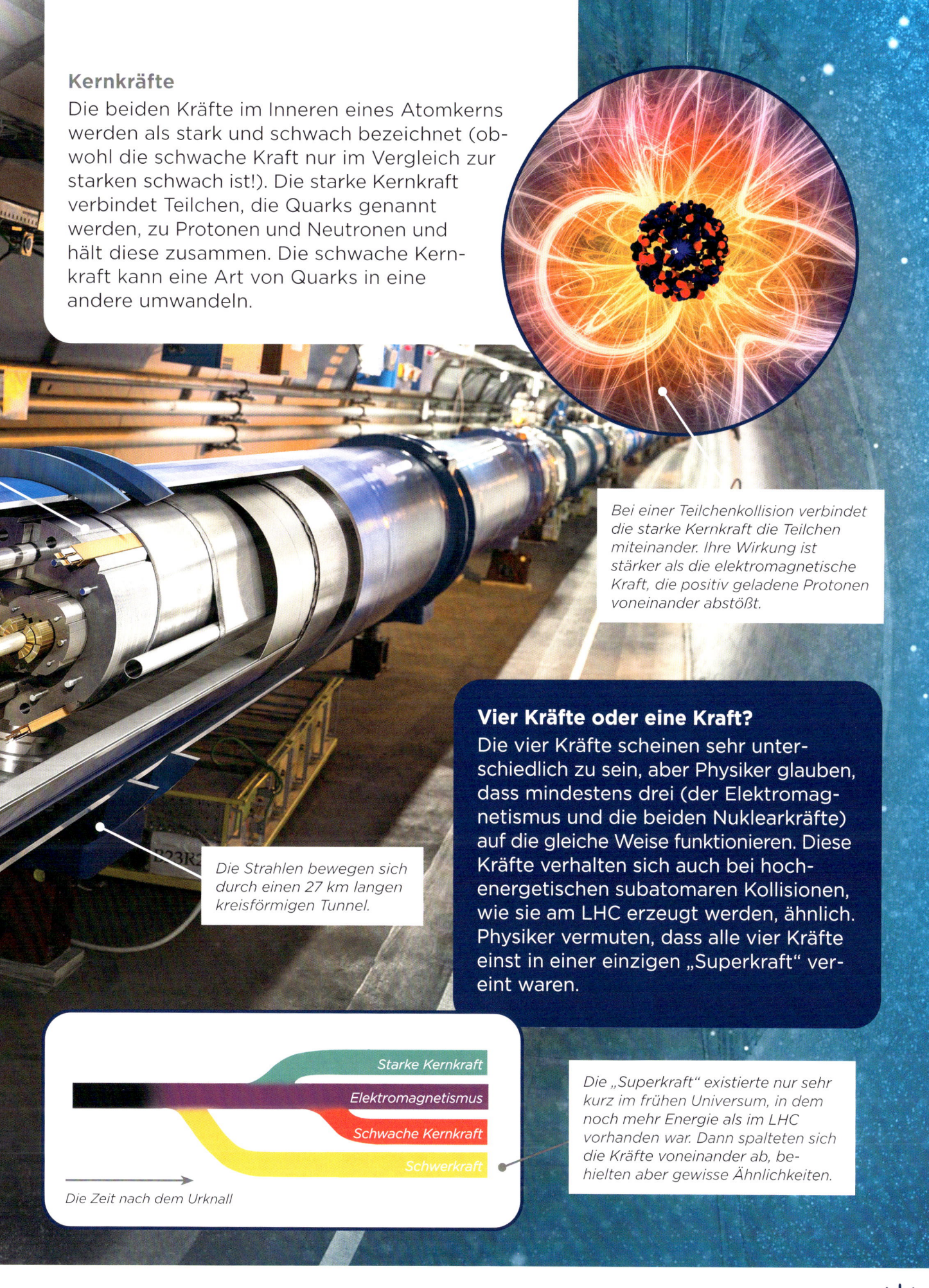

Kernkräfte

Die beiden Kräfte im Inneren eines Atomkerns werden als stark und schwach bezeichnet (obwohl die schwache Kraft nur im Vergleich zur starken schwach ist!). Die starke Kernkraft verbindet Teilchen, die Quarks genannt werden, zu Protonen und Neutronen und hält diese zusammen. Die schwache Kernkraft kann eine Art von Quarks in eine andere umwandeln.

Bei einer Teilchenkollision verbindet die starke Kernkraft die Teilchen miteinander. Ihre Wirkung ist stärker als die elektromagnetische Kraft, die positiv geladene Protonen voneinander abstößt.

Vier Kräfte oder eine Kraft?

Die vier Kräfte scheinen sehr unterschiedlich zu sein, aber Physiker glauben, dass mindestens drei (der Elektromagnetismus und die beiden Nuklearkräfte) auf die gleiche Weise funktionieren. Diese Kräfte verhalten sich auch bei hochenergetischen subatomaren Kollisionen, wie sie am LHC erzeugt werden, ähnlich. Physiker vermuten, dass alle vier Kräfte einst in einer einzigen „Superkraft" vereint waren.

Die Strahlen bewegen sich durch einen 27 km langen kreisförmigen Tunnel.

Starke Kernkraft

Elektromagnetismus

Schwache Kernkraft

Schwerkraft

Die Zeit nach dem Urknall

Die „Superkraft" existierte nur sehr kurz im frühen Universum, in dem noch mehr Energie als im LHC vorhanden war. Dann spalteten sich die Kräfte voneinander ab, behielten aber gewisse Ähnlichkeiten.

EINSTEINS UNIVERSUM

Die newtonschen Gesetze der Schwerkraft und der Bewegung beschreiben größtenteils die Physik in der Alltagswelt, aber in einigen extremen Situationen funktionieren sie nicht mehr. Zu Beginn des 20. Jahrhunderts entwickelte Albert Einstein eine Idee namens Relativitätstheorie, die ein genaueres Bild davon vermittelte, wie das Universum wirklich funktioniert.

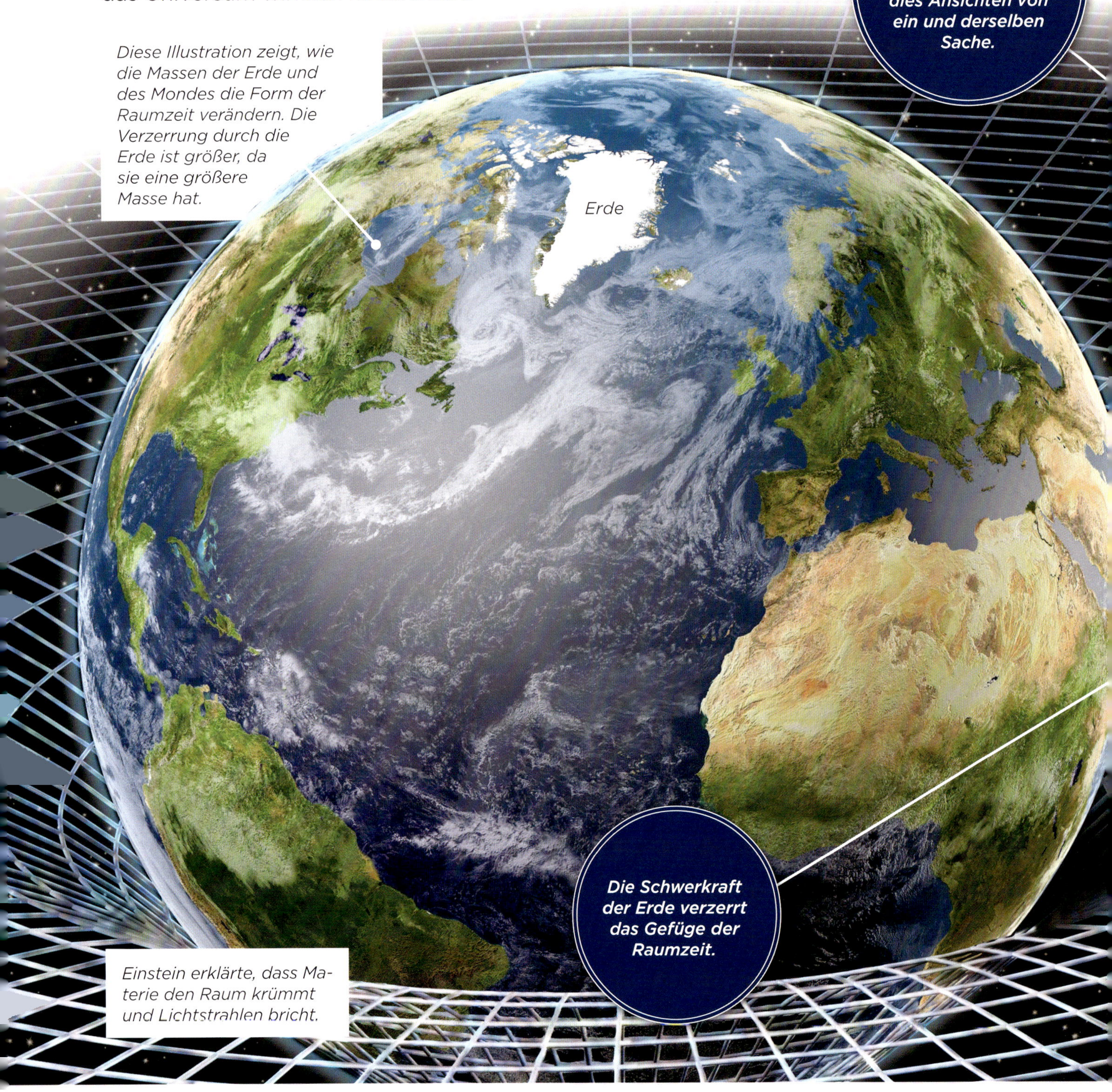

Diese Illustration zeigt, wie die Massen der Erde und des Mondes die Form der Raumzeit verändern. Die Verzerrung durch die Erde ist größer, da sie eine größere Masse hat.

Diese Matrix stellt Raum und Zeit dar. Für Einstein waren dies Ansichten von ein und derselben Sache.

Erde

Die Schwerkraft der Erde verzerrt das Gefüge der Raumzeit.

Einstein erklärte, dass Materie den Raum krümmt und Lichtstrahlen bricht.

SCHON GEWUSST? Astronauten auf einer sechsmonatigen Mission zur Internationalen Raumstation altern aufgrund der Umlaufgeschwindigkeit etwa 0,007 Sekunden langsamer als Astronauten, die auf der Erde bleiben.

Spezielle und allgemeine Relativitätstheorie

Einsteins spezielle Relativitätstheorie (1905) beschreibt, wie sich die Physik verändert, wenn sich Objekte mit Geschwindigkeiten nahe der Lichtgeschwindigkeit bewegen. Seine allgemeine Theorie (1915) legt dar, wie sich die Physik in Situationen mit extremer Schwerkraft verhält. Einstein erklärte, dass der Raum eine Struktur besitzt, die durch große Massen verzerrt werden kann.

Der in Deutschland geborene Einstein war gerade einmal 26 Jahre alt, als er seine spezielle Relativitätstheorie veröffentlichte.

Mond

Blaues Licht von einer weit entfernten Galaxie ändert seine Bahn, wenn es an näheren Galaxien (gelb) vorbeizieht, die den Raum um sie herum krümmen. Auf der Erde kommt das Licht als eine Reihe von verzerrten Bildern an.

Raumzeitverzerrungen, die durch große Massen wie die Erde verursacht werden, bewirken, dass kleinere Massen wie der Mond in deren Umlaufbahn gehalten werden.

Beweise für die Relativitätstheorie

Die Aussagen der speziellen und allgemeinen Relativitätstheorie sind in vielen Experimenten bewiesen worden. Die spezielle Relativitätstheorie bewirkt, dass Uhren, die auf sich schnell bewegenden Satelliten getragen werden, langsamer laufen als diejenigen, die auf der Erde verbleiben. Die allgemeine Relativitätstheorie erklärt, wie große Massen den Lichtweg umlenken können, der nahe an ihnen vorbeiführt.

ERSTAUNLICHE ENTDECKUNG

Wissenschaftler: Arthur Eddington
Entdeckung: Gravitationslinseneffekt
Zeit: 1919
Hintergrundinfo: Indem er eine totale Sonnenfinsternis fotografierte (bei der der Mond die Sonnenscheibe kurz verdeckt), zeigte Eddington, wie die Schwerkraft der Sonne die Bahn des Sternenlichts umlenkt. Damit bewies er Einsteins allgemeine Relativitätstheorie.

WWW.SAYOSTUDIO.C

EINFACHE MASCHINEN

Rampen, Keile, Hebel, Räder und Achsen, Schrauben und Flaschenzüge sind einfache Maschinen, die die Menschen seit der Antike benutzt haben. Rampen und Keile wirken vielleicht nicht wie Maschinen, aber es sind welche. Denn unter dem Begriff Maschine versteht man ein Gerät, das die Gesetze der Physik nutzt, um Aufgaben zu erleichtern.

Arbeitserleichterung

Jede physische Aufgabe ist mit Arbeit verbunden – mit anderen Worten: mit einer Kraft, die auf ein Objekt ausgeübt wird, um dieses zu bewegen. Der Arbeitsaufwand für eine bestimmte Arbeit ist immer derselbe, aber eine Maschine macht es leichter. Die Maschine vervielfacht die Menge der Kraft, die wir aufbringen, oder sie vergrößert die Strecke, über die die Kraft wirkt.

Schon vor der Erfindung der Achse haben die Menschen beim Bau von Stonehenge vermutlich einfache Räder – Schlitten auf rollenden Baumstämmen – benutzt, um massive Steine zu bewegen.

Von einfachen zu modernen Methoden

Antike Erfinder entwickelten viele geniale Methoden, um ihre einfachen Maschinen anzutreiben. Sie nutzten das Gewicht des fallenden Wassers, die Bewegung der Gezeiten und die Kraft des Windes. Moderne Maschinen stammen aus der Zeit der industriellen Revolution. Im Jahr 1712 baute Thomas Newcomen die erste erfolgreiche Dampfmaschine, die die Kraft des sich ausdehnenden oder kondensierenden Dampfes nutzte, um Maschinen anzutreiben.

Dieser Stich von 1834 zeigt eine Textilfabrik mit dampfbetriebenen Druckmaschinen. Dampf wurde in der Industrie bis in die frühen Jahre des 20. Jahrhunderts verwendet, als die Elektrizität die Oberhand zu gewinnen begann.

Je weiter die Schaukeln von der Achse entfernt sind, desto schneller bewegen sie sich.

SCHON GEWUSST? Der keilförmige Kopf einer Axt ist eine einfache Maschine. Die Kraft, die auf das dicke Ende ausgeübt wird, konzentriert sich auf die dünne Kante, sodass sie genug Druck zum Hacken hat.

Die Schaukeln sind an einem Rad befestigt. Das Rad dreht sich, wenn eine Kraft auf die Mittelachse ausgeübt wird.

Ein Rad funktioniert nicht ohne eine Achse – eine zentrale Stange oder einen Zylinder, um die es sich drehen kann. Das Rad und die Achse arbeiten zusammen, damit Dinge bewegt werden können. Die Kraft kann auf das Rad oder die Achse ausgeübt werden.

Ein Motor bewegt die Achse. Der vom Rad gedrehte Kreis ist viel größer als der von der Achse gedrehte Kreis.

ERSTAUNLICHE ENTDECKUNG

Wissenschaftler: Archimedes
Entdeckung: Kriegsmaschinen
Zeit: um 213 v. Chr.
Hintergrundinfo: Der griechische Mathematiker Archimedes baute Flaschenzugsysteme, Kräne, Katapulte und andere Maschinen, um bei der Verteidigung seiner Heimatstadt gegen einfallende römische Schiffe zu helfen. Er schrieb auch die ersten richtigen Erklärungen über die Funktionsweise solcher Maschinen.

MASCHINEN, MOTOREN UND GENERATOREN

Motoren sind Maschinen, die eine Energieform (wie Wärme oder Elektrizität) nutzen, um eine andere zu erzeugen – und zwar Bewegungsenergie, die Arbeit verrichten kann. Dampf-, Benzin- und Dieselmotoren verbrennen allesamt Brennstoffe, um diese Energie zu erzeugen. Elektromotoren sind hingegen auf Elektrizität und Magnetismus angewiesen.

Elektromotoren

Ein Elektromotor funktioniert aufgrund der Beziehung zwischen Permanentmagneten und einem Elektromagneten. Ein sich drehender Rotor sitzt in einer Trommel, die mit festen Magneten ausgekleidet ist und Stator genannt wird. Der Wechselstrom fließt durch die um den Rotor gewickelten Drähte. Er erzeugt ein wechselndes Magnetfeld, das die Spule von den Statoren wegdrückt.

Die Karosserie des Autos ist um einen sogenannten Überrollkäfig herum aufgebaut – ein superstarker Rahmen, der den Fahrer bei Unfällen schützt.

Hochleistungsfahrzeuge wie dieses Rallye-Auto verwenden flügelartige Stabilisatoren, die Spoiler genannt werden. Diese erzeugen Abtriebskräfte und drücken die Fahrzeuge so fester gegen den Boden.

Damit sich der Motor immer in die gleiche Richtung dreht, muss sich der elektrische Strom in den Spulen des Motors ständig ändern.

SCHON GEWUSST? Der kleinste Elektromotor der Welt misst nur einen milliardstel Millimeter und ist um ein Vielfaches kleiner als ein menschliches Haar. Er wurde 2011 aus einem einzigen Molekül hergestellt.

ERSTAUNLICHE ENTDECKUNG

Wissenschaftler: Ányos Jedlik
Entdeckung: Gleichstrommotor
Zeit: 1829
Hintergrundinfo: Der ungarische Wissenschaftler Jedlik hat den Schlüssel zu einem funktionierenden Elektromotor gefunden. Er fand heraus, dass eine Richtungsänderung des in einer elektrischen Spule fließenden Stroms dazu führt, dass diese sich in einem Ring von Magneten weiterdreht.

Stromerzeugung durch Turbinen

Eine der gebräuchlichsten Methoden der Stromerzeugung ist die Verwendung von Turbinen. Sie arbeiten wie ein Elektromotor im Rückwärtsgang. Bewegungsenergie dreht einen in Draht gewickelten Rotor in einem Magnetfeld und bringt Strom in den Rotordrähten zum Fließen. Die Bewegungsenergie kann von Dampf, vom Wasser eines Staudamms, von Meereswellen oder von Windböen stammen.

Dieser Ausschnitt zeigt das Innere einer Windkraftanlage, die „grünen" Strom (erneuerbare Energie) erzeugt. Ihre Bewegungsenergie bezieht sie aus dem Wind, der die Rotorblätter dreht.

Ein Verbrennungsmotor wandelt chemische Energie (Verbrennung von Kraftstoff) in mechanische Leistung um.

Die meisten Automotoren verbrennen Benzin (entzündet durch einen elektrischen Funken) oder Dieselkraftstoff (entzündet durch komprimierte heiße Luft).

ELEKTRONIK

Elektronik findet sich in unseren Fernsehern, Smartphones, Spielekonsolen, Laptops und E-Books. Auch alltägliche Geräte wie Waschmaschinen und Geschirrspüler sind auf sie angewiesen, um zu funktionieren. Elektronische Bauteile kontrollieren und regulieren den Fluss einer kleinen Anzahl von Elektronen in einem elektrischen Strom. Sie können den elektrischen Strom nutzen, um eine Art von Signal oder Information darzustellen.

Elektronische Bauelemente

Die ersten elektronischen Bauteile waren Verstärker, die schwache Ströme auf eine verwendbare Höhe anheben konnten. Diese Verstärker waren wie Ventile und ließen den Strom nur in eine Richtung fließen. Dieselbe Technologie ermöglichte den Bau von Radios und Computern. Moderne Ventile, Dioden und Trioden genannt, sind unglaublich klein. Sie werden aus Materialien hergestellt, die man Halbleiter nennt.

Die Linse eines CD-Players lenkt intensives Laserlicht, das von einer speziellen Diode erzeugt wird, auf die reflektierende Oberfläche einer CD.

Winzige Vertiefungen bedecken die CD. Diese Punkte oder Striche stellen digitale Informationen wie Spiele, Musik oder Bilder dar.

Fügt man diesen dünnen Siliziumscheiben andere Elemente hinzu, werden sie zu Halbleitern. Ein Halbleiter erzeugt eine Barriere, die den Strom nur in eine Richtung fließen lässt.

ERSTAUNLICHE ENTDECKUNG

Wissenschaftler: John Ambrose Fleming, William Shockley
Entdeckung: Ventile und Transistoren
Zeit: 1904, 1947
Hintergrundinfo: Im Jahr 1904 erfand Fleming ein glühbirnenähnliches Gerät, das sogenannte Elektronenventil. Es bewirkte, dass der Ausgangsstrom stärker war, als der Eingangstrom, den das Gerät aufnahm. 1947 verwendete Shockley Halbleitermaterialien, um winzige Transistoren zu bauen, die dasselbe machten.

SCHON GEWUSST? Eine Zeichenfolge von acht Bits kann eine beliebige Zahl von 0 bis 255 darstellen. 64 Bits können eine beliebige Zahl bis zu 9.223.372.036.854.775.807 darstellen.

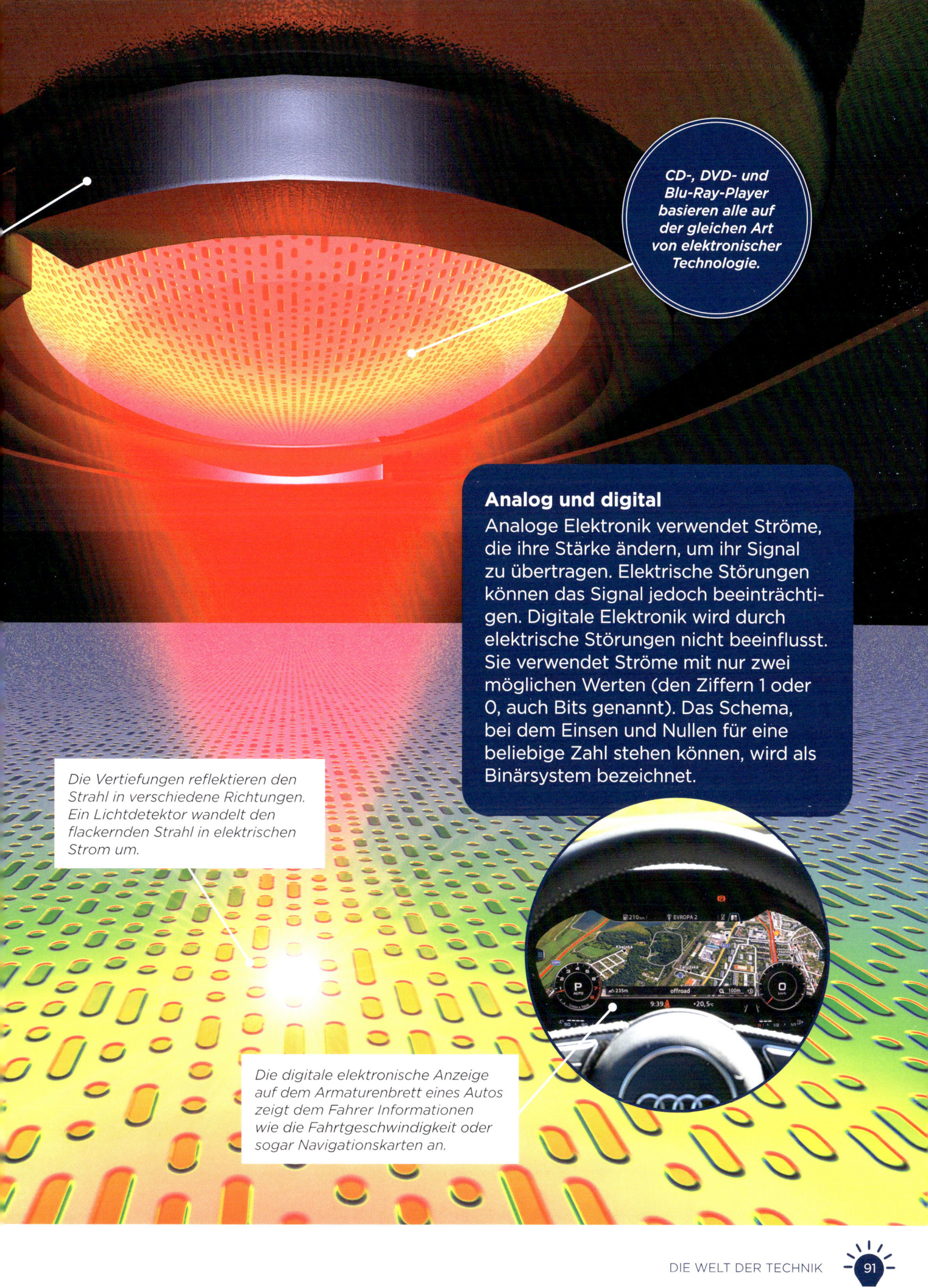

CD-, DVD- und Blu-Ray-Player basieren alle auf der gleichen Art von elektronischer Technologie.

Analog und digital

Analoge Elektronik verwendet Ströme, die ihre Stärke ändern, um ihr Signal zu übertragen. Elektrische Störungen können das Signal jedoch beeinträchtigen. Digitale Elektronik wird durch elektrische Störungen nicht beeinflusst. Sie verwendet Ströme mit nur zwei möglichen Werten (den Ziffern 1 oder 0, auch Bits genannt). Das Schema, bei dem Einsen und Nullen für eine beliebige Zahl stehen können, wird als Binärsystem bezeichnet.

Die Vertiefungen reflektieren den Strahl in verschiedene Richtungen. Ein Lichtdetektor wandelt den flackernden Strahl in elektrischen Strom um.

Die digitale elektronische Anzeige auf dem Armaturenbrett eines Autos zeigt dem Fahrer Informationen wie die Fahrtgeschwindigkeit oder sogar Navigationskarten an.

COMPUTER

Im Grunde ist ein Computer ein Gerät, das sehr schnell einfache Berechnungen durchführen kann, selbst für sehr große Zahlen. Hierbei erkennt er Muster in den Zahlen. Die Ergänzung dieser grundlegenden mathematischen Fähigkeit durch intelligente Konstruktion und Programmierung hat dazu geführt, dass uns heute Computer zur Verfügung stehen, die eine verblüffende Vielfalt verschiedener Aufgaben ausführen können.

Das Gehirn des Computers

Die Zentrale Verarbeitungseinheit (ZVE) des Computers liest im Speicher des Computers abgelegte Informationen aus, führt Berechnungen durch und überträgt die Ergebnisse in andere Teile des Speichers. Elektronische Komponenten, sogenannte Logikgatter, ermöglichen es der ZVE, mathematische Berechnungen durchzuführen und Entscheidungen auf der Grundlage von Binärzahlen (Einser- und Nuller-Zeichenketten) zu treffen.

Obwohl sich Computer hervorragend für Spiele eignen, können sie auch schwierige und wiederkehrende Aufgaben wesentlich erleichtern.

Der zwischen 1943 und 1946 gebaute, raumgroße ENIAC (Electronic Numerical Integrator and Computer) war einer der ersten digitalen Computer. Er konnte 5000 Befehle pro Sekunde ausführen.

ERSTAUNLICHE ENTDECKUNG

Wissenschaftler: Charles Babbage, Ada Lovelace
Entdeckung: Die Rechenmaschine *Analytical Engine*
Zeit: 1837, 1843
Hintergrundinfo: Im Jahr 1837, lange vor der Entwicklung der Elektronik, konstruierte der englische Erfinder Babbage eine universelle Computermaschine mit Messingrädern. Sie wurde nie gebaut, aber die Mathematikerin Lovelace arbeitete die für den Betrieb erforderlichen Befehle aus und war damit die erste Computerprogrammiererin. Ihre Ergebnisse veröffentlichte sie 1843.

SCHON GEWUSST? Ein iPhone X verarbeitet 600 Milliarden Anweisungen pro Sekunde.

Das Gedächtnis des Computers

Informationen, auf die Computer schnell zugreifen müssen, werden auf Speicherchips gesichert. Grundlegende Funktionsanweisungen sind auf permanenten Nur-Lese-Speicher-Chips (ROM, engl. Read Only Memory) geschrieben. Weniger dringende Daten, wie z. B. Anwendungen oder die Dateien des Benutzers, werden auf einer langsameren magnetischen Festplatte gespeichert und bei Bedarf auf schnellere Direktzugriffsspeicher (RAM, engl. Random Access Memory) verschoben.

Die Hauptplatine eines Computers (Motherboard) verbindet seine verschiedenen Komponenten, einschließlich der ZVE, der ROM- und RAM-Speicherchips und des Festplattenlaufwerks.

Spezielle Computerschaltkreise können Töne aus digitalen Dateien erzeugen.

Spezielle Grafikprozessoren (GPU, engl. Graphic Processing Units) erzeugen realistische bewegte Bilder auf dem Bildschirm.

Mit einer Maus kann der Computernutzer Elemente auf dem Bildschirm markieren und bearbeiten.

VERNETZTE WELT

Unsere Telefone, Fernseher, das Internet und viele weitere moderne Technologien stützen sich darauf, dass Computer und andere Maschinen in der Lage sind, über große Entfernungen miteinander zu interagieren. Sie kommunizieren, indem sie ihre Signale durch Netzwerke von Drähten oder Kabeln übertragen oder indem sie sie in elektromagnetischen Radiowellen durch die Luft senden.

Das Aussenden von Signalen

Wir senden analoge Signale auf zwei Arten: Wir können elektrischen Strom verwenden, indem wir seine Stärke verändern oder regulieren, um das Signal zu übertragen; oder wir können Radiowellen verwenden und deren Form verändern. In beiden Fällen entschlüsselt ein Empfänger die Muster, um das Signal zu berechnen. Heutzutage werden die meisten Signale jedoch digital gesendet. Die Informationen werden in Ströme von Binärzahlen umgewandelt und als Einsen und Nullen zwischen den Maschinen gesendet.

Hylas 1, ein Kommunikationssatellit, umkreist die Erde in der gleichen Zeit, in der sich die Erde um ihre eigene Achse dreht. Seine Umlaufbahn befindet sich 35 800 km über dem Äquator.

Hylas 1

Satelliten wie Hylas 1 sind solarbetrieben – sie erzeugen ihren Strom mit Hilfe des Sonnenlichts.

Ein Funkmast kann Hunderte von Anrufen gleichzeitig übertragen. Die Signale sind digital.

SCHON GEWUSST? Signale konnten bereits über mehr als 10 000 km über Glasfasern gesendet werden, ohne dass Verstärker eingesetzt werden mussten.

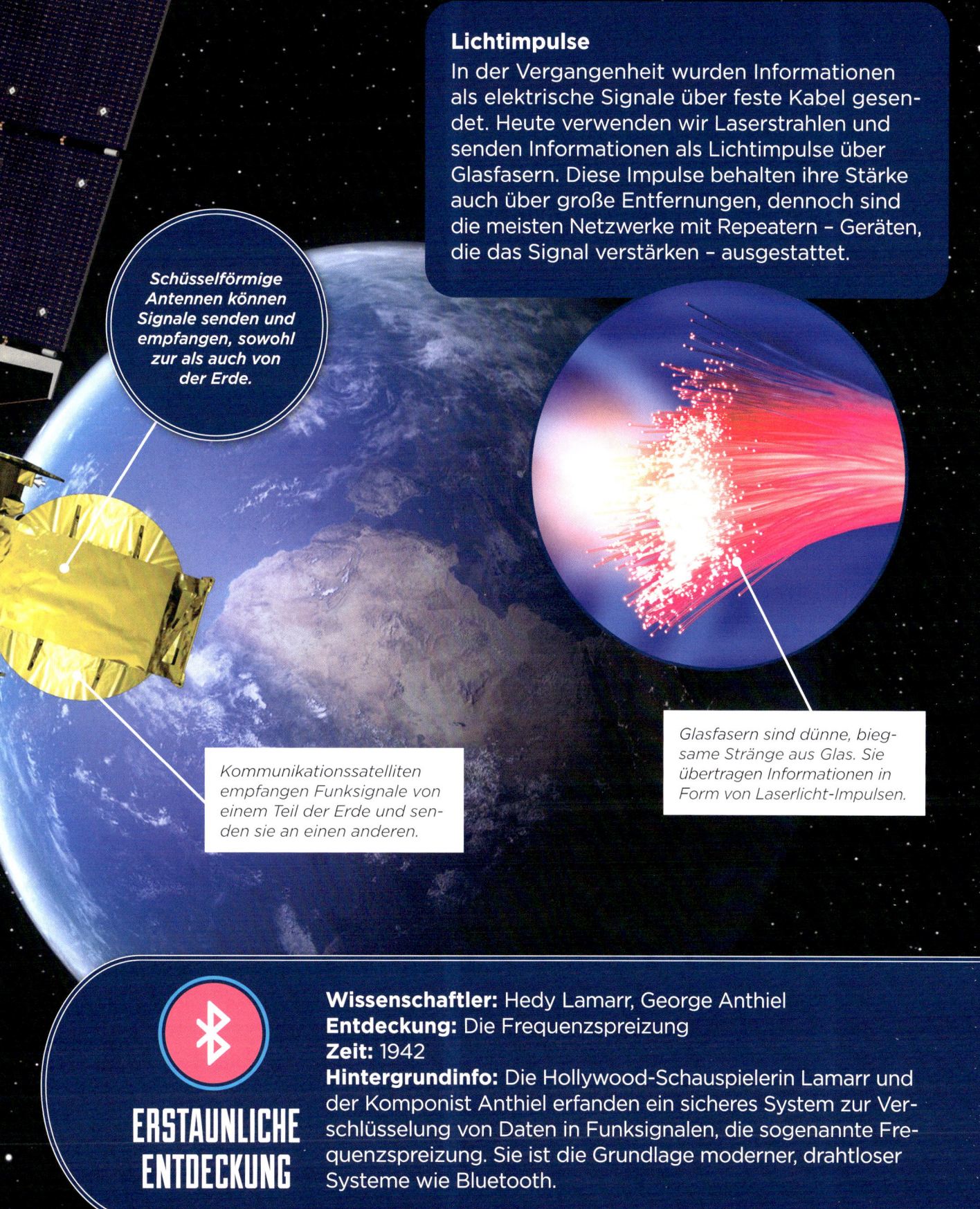

Lichtimpulse

In der Vergangenheit wurden Informationen als elektrische Signale über feste Kabel gesendet. Heute verwenden wir Laserstrahlen und senden Informationen als Lichtimpulse über Glasfasern. Diese Impulse behalten ihre Stärke auch über große Entfernungen, dennoch sind die meisten Netzwerke mit Repeatern – Geräten, die das Signal verstärken – ausgestattet.

Schüsselförmige Antennen können Signale senden und empfangen, sowohl zur als auch von der Erde.

Glasfasern sind dünne, biegsame Stränge aus Glas. Sie übertragen Informationen in Form von Laserlicht-Impulsen.

Kommunikationssatelliten empfangen Funksignale von einem Teil der Erde und senden sie an einen anderen.

ERSTAUNLICHE ENTDECKUNG

Wissenschaftler: Hedy Lamarr, George Anthiel
Entdeckung: Die Frequenzspreizung
Zeit: 1942
Hintergrundinfo: Die Hollywood-Schauspielerin Lamarr und der Komponist Anthiel erfanden ein sicheres System zur Verschlüsselung von Daten in Funksignalen, die sogenannte Frequenzspreizung. Sie ist die Grundlage moderner, drahtloser Systeme wie Bluetooth.

FLUGMASCHINEN

Die Menschen haben schon immer davon geträumt, zu fliegen. In den 1780er-Jahren waren die französischen Brüder Montgolfier die Ersten, denen dies mit ihren Heißluftballons gelang.

Fliegen wie ein Vogel

Motorisierte Flugzeuge haben vogelähnliche Flügel, die eine aufwärtsgerichtete Kraft, den Auftrieb, erzeugen. Die Form des Flügels sorgt dafür, dass Ober- und Unterseite einem unterschiedlichen Luftdruck ausgesetzt sind, wodurch der Flügel nach oben gedrückt wird. Da Flugzeugflügel nicht wie die Flügel eines Vogels flattern können, müssen sie sich viel schneller bewegen, um das Flugzeug in der Luft zu halten.

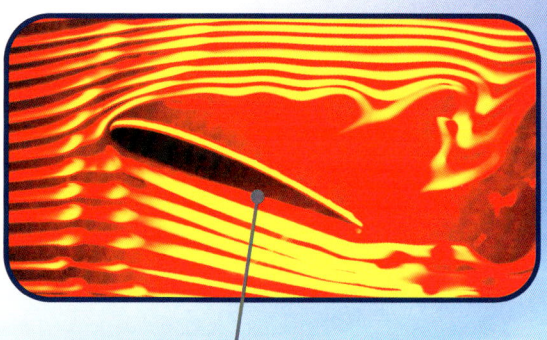

Dieses Bild eines Flügels, der in einem Windkanal getestet wird, zeigt, wie die Luft schneller über die obere Fläche strömt. Durch die Anpassung von Form und Winkel des Flügels wird die Höhe des Auftriebs beeinflusst.

Auf, auf und davon!

Hubschrauber erzeugen mit ihren Rotorblättern Auftrieb – also mit sich drehenden Flügeln, die durch die Luft wirbeln, ohne dass sich das gesamte Flugzeug bewegen muss. Ein sich schnell bewegender Heckrotor erzeugt eine seitliche Schubkraft, die die Maschine daran hindert, sich mit dem Hauptrotor zu drehen.

Hubschrauber können senkrecht starten und landen. Der Pilot stellt den Winkel jedes einzelnen Rotorblattes ein, um dessen erzeugten Auftrieb zu steuern. Um den Hubschrauber nach vorne zu bewegen, muss er z. B. den gesamten Rotor neigen.

SCHON GEWUSST? Die russische Antonow An-225 ist mit einer Spannweite von etwa 88 m das größte Flugzeug der Welt. Sie kann bis zu 250 Tonnen Fracht befördern.

Der Flugzeugrumpf aus Metalllegierungen und anderen Materialien ist sowohl robust als auch leicht.

Die kegelstumpfförmige Nase reduziert den Luftwiderstand und hilft dabei, das Flugzeug mit hoher Geschwindigkeit durch die Luft zu befördern.

Düsentriebwerke verwenden Turbinen, um die Luft zu verdichten, bevor sie zur Verbrennung von Kraftstoff benutzt wird. Die aus den Triebwerken strömenden heißen Abgase treiben das Flugzeug vorwärts.

Die Klappen an den Tragflächen können ihre Position verändern, um den von ihnen erzeugten Auftrieb zu beeinflussen.

ERSTAUNLICHE ENTDECKUNG

Wissenschaftler: Orville und Wilbur Wright
Entdeckung: Das aerodynamische Steuerungssystem
Zeit: 1903–1905
Hintergrundinfo: Die amerikanischen Gebrüder Wright erfanden eine Steuerung, mit der sie den genauen Winkel eines Flugzeugs in der Luft und die Form seiner Flügel kontrollieren konnten. Dies verhalf ihnen 1903 zum ersten motorisierten, gesteuerten Flug.

INTELLIGENTE WERKSTOFFE

Einige Materialien können auf ihre Umgebung in nützlicher Weise reagieren. Intelligente Werkstoffe verändern sich, wenn sie beispielsweise Temperatur, Licht, Druck, Elektrizität oder einem Magnetfeld ausgesetzt werden. Sie haben bereits jetzt viele Verwendungsmöglichkeiten und werden in Zukunft noch häufiger zum Einsatz kommen.

Diese intelligenten Brillen bestehen aus einer superelastischen Materialmischung aus Titan und Metall.

Materialien mit Formgedächtnis

Zu den erstaunlichsten intelligenten Materialien gehören Legierungen (Metallgemische) und Kunststoffe mit integriertem „Gedächtnis". Sie können zerkleinert oder umgeformt werden, kehren aber in ihren Ursprungszustand zurück, wenn man es ihnen „befiehlt" – z. B. wenn man sie erhitzt oder befeuchtet.

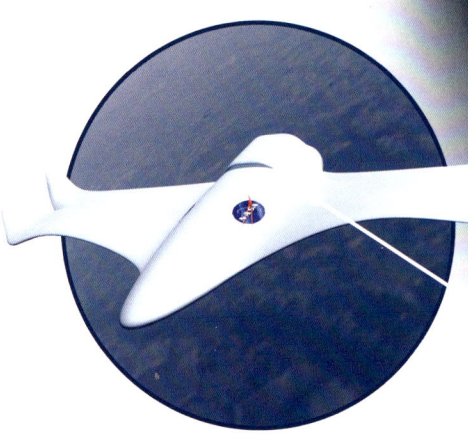

NASA-Wissenschaftler hoffen darauf, in Zukunft Flugzeuge mit intelligenten Flügeln zu konstruieren. Diese sollen die Änderungen des Luftdrucks wahrnehmen und ihre Form je nach Flugbedingungen verändern können.

ERSTAUNLICHE ENTDECKUNG

Wissenschaftler: William J Buehler, David S. Muzzey
Entdeckung: Nitinol
Zeit: 1958
Hintergrundinfo: Bühler, ein Forscher am *US Naval Ordinance Laboratory*, entdeckte diese Nickel-Titan-Legierung. Seine intelligenten Eigenschaften wurden zufällig bei einer Laborbesprechung entdeckt, als Muzzey ein Feuerzeug unter eine gebogene Probe hielt. Hierbei stellte er fest, dass die Probe langsam in ihre ursprüngliche Form zurückkehrte.

SCHON GEWUSST? Legierungen mit Formgedächtnis müssen ihre Grundform „eingeprägt" bekommen. Hierfür wird Nitinol 30 Minuten lang auf 500 °C erhitzt, geformt und dann schnell abgekühlt.

Clevere Energiegewinnung

Photovoltaik (PV)-Halbleiter (Solarpaneele) gehören zu den intelligentesten Materialien, die der Mensch je hergestellt hat. Sie erzeugen Strom aus Sonnenlicht. Dabei verlieren ihre Atome Elektronen, wenn diese Photonen (Lichtteilchen) ausgesetzt werden – die Elektronen fließen dann als Strom zu einer Elektrode. Die PV-Materialien reagieren außerdem auf Temperaturveränderungen.

Wir verwenden PV-Halbleiter in Solarpaneelen sowohl zur Erzeugung umweltfreundlicher Energie als auch zum Antrieb von Satelliten und Raumfahrzeugen.

Das Metall in diesen Brillen kann gebogen und verdreht werden, kehrt aber immer wieder in seine Ursprungsform zurück.

Wenn man superelastisches Metall zusammendrückt, verändert es seine Kristallstruktur. Wenn der Druck jedoch nachlässt, wird die neue Struktur instabil und kehrt zu ihrer ursprünglichen Form zurück.

ATOMKRAFT

Im Vergleich zu seiner Größe sind die Kräfte, die im Inneren des Atomkerns wirken, enorm. Kernkraftwerke profitieren von dieser riesigen Energiequelle. Sie nutzen einen Prozess namens Kernspaltung, bei dem einige schwere, instabile Atome in kleinere, stabilere Formen zerlegt werden.

Die Kernspaltung

In der Natur treten Spaltungen immer wieder auf. Atomkerne von Elementen wie Uran sind von Natur aus instabil – oder anders gesagt: radioaktiv. Sie zerfallen willkürlich und erzeugen dabei kleine Energieausbrüche. Die Kernkraft macht sich diesen Prozess zunutze, indem sie eine Kettenreaktion auslöst. Jede Aufspaltung löst augenblicklich mehrere weitere aus, und ein kleiner Energieschub verwandelt sich in einen gewaltigen Energiestrom.

Kernkraftwerke nutzen die Energie, die sie freisetzen, um Wasser in Dampf zu verwandeln. Der Dampf treibt stromerzeugende Turbinen an und entweicht dann durch riesige Kühltürme.

In einer Spaltkettenreaktion trifft ein Neutronenteilchen (1) auf ein instabiles Atom (2) und spaltet es auf (3). Der Spaltprozess hinterlässt kleinere Atomkerne (4) und mehr Neutronen (5), sodass die Kernspaltung wieder von vorne beginnen kann.

Die Kernfusion der Zukunft?

Bei Kernfusionsen wird Energie freigesetzt, indem leichte Kerne zusammengefügt werden, anstatt schwere Kerne auseinander zu brechen. Anders als bei der Kernspaltung sind bei der Fusion keine seltenen Erden beteiligt, außerdem verursacht sie keine dauerhafte Verschmutzung. Das hört sich wie ein Rezept für billige, saubere Energie an, jedoch kann die Fusion nur bei Temperaturen, wie sie im Kern der Sonne herrschen, stattfinden.

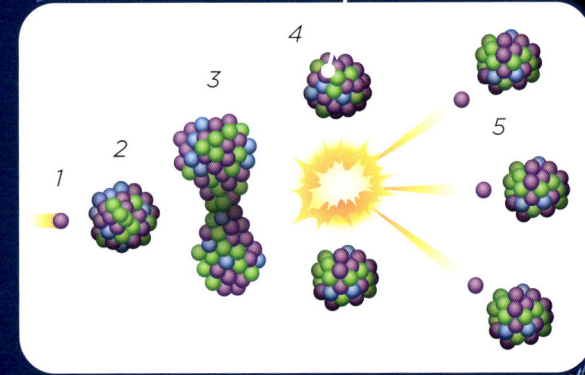

SCHON GEWUSST? Bei der Kernspaltung werden seltene Formen von Elementen verwendet, die man Isotope nennt. Eine geringe Menge des Uran-235-Isotops erzeugt 3,7 Millionen Mal mehr Energie als die gleiche Menge an Kohle.

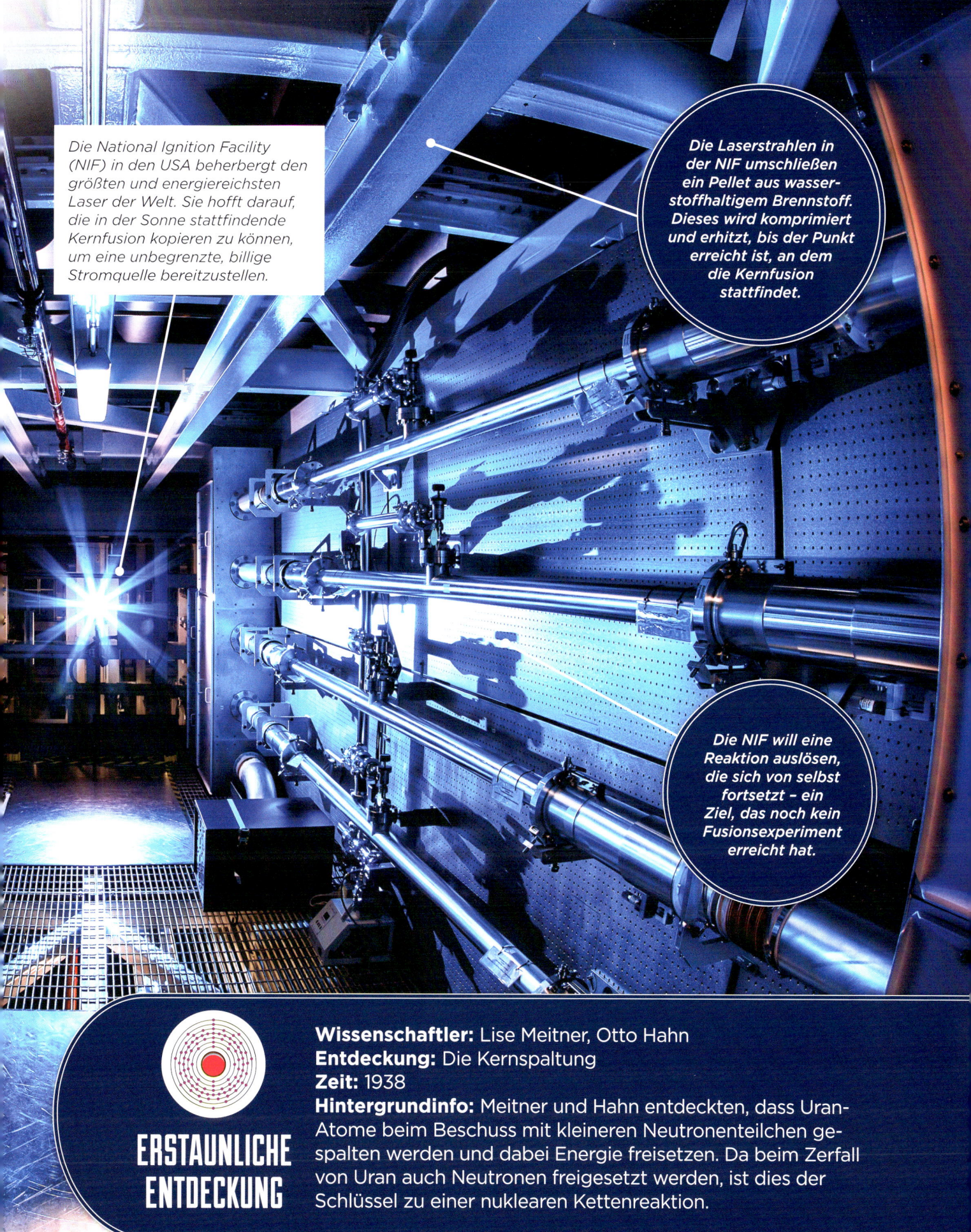

Die National Ignition Facility (NIF) in den USA beherbergt den größten und energiereichsten Laser der Welt. Sie hofft darauf, die in der Sonne stattfindende Kernfusion kopieren zu können, um eine unbegrenzte, billige Stromquelle bereitzustellen.

Die Laserstrahlen in der NIF umschließen ein Pellet aus wasserstoffhaltigem Brennstoff. Dieses wird komprimiert und erhitzt, bis der Punkt erreicht ist, an dem die Kernfusion stattfindet.

Die NIF will eine Reaktion auslösen, die sich von selbst fortsetzt – ein Ziel, das noch kein Fusionsexperiment erreicht hat.

ERSTAUNLICHE ENTDECKUNG

Wissenschaftler: Lise Meitner, Otto Hahn
Entdeckung: Die Kernspaltung
Zeit: 1938
Hintergrundinfo: Meitner und Hahn entdeckten, dass Uran-Atome beim Beschuss mit kleineren Neutronenteilchen gespalten werden und dabei Energie freisetzen. Da beim Zerfall von Uran auch Neutronen freigesetzt werden, ist dies der Schlüssel zu einer nuklearen Kettenreaktion.

NANOTECHNOLOGIE

Maschinen, die aus einzelnen Atomen bestehen und in der Lage sind, sich selbst zu kopieren, Objekte zusammenzusetzen und sogar unseren Körper zu reparieren oder Krankheiten auf molekularer Ebene zu bekämpfen: Dies ist die Idee hinter der Nanotechnologie – und obwohl diese neue Wissenschaft all das noch nicht vollständig leisten kann, beginnt sie bereits jetzt, unser tägliches Leben zu beeinflussen.

Kohlenstoffnanoröhren finden in Touchscreen-Geräten wie Tablets und in kugelsicheren Westen Verwendung.

Winzig kleine Technik

Nanotechnologie bedeutet, im Bereich von Nanometern (ein Nanometer ist ein milliardstel Meter) oder weniger zu arbeiten. Nanowerkstoffe sind Stoffe mit technisch hergestellten Strukturen auf atomarer Ebene, die ihnen nützliche Eigenschaften verleihen. Wir verwenden sie bereits zur Herstellung von selbstreinigendem Glas, schmutzabweisenden Farben und Sprays, superfeinen Filtern zur Wasserreinigung und zum Abfangen von Viren.

Mit Atomen arbeiten

Nanoingenieure können Strukturen aus einzelnen Atomen aufbauen. Sie verwenden eine Apparatur namens Rasterkraftmikroskop, um die einzelnen Atome auf einem Material zu „sehen" – sie können die Atome sogar hochheben und bewegen! Diese Technologie könnte es uns irgendwann ermöglichen, komplexe Computer Atom für Atom zu konstruieren.

Rastertunnelmikroskope sind die beste Technik, um einzelne Atome abzubilden und mit ihnen zu arbeiten.

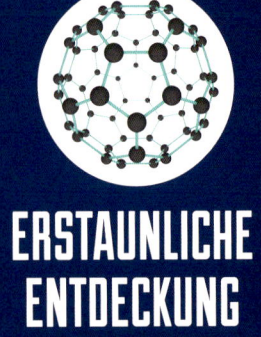

ERSTAUNLICHE ENTDECKUNG

Wissenschaftler: Richard Smalley, Robert Curl, Harold Kroto
Entdeckung: Fullerene
Zeit: 1985
Hintergrundinfo: Smalley, Curl und Kroto leiteten ein Team von Chemikern, die eine Kugel aus Kohlenstoffatomen entdeckten, die sie Buckminster-Fulleren nannten. Dies war der erste Hinweis darauf, dass Kohlenstoff in der Lage ist, starke Ringe und Röhren für den Einsatz in der Nanotechnologie zu erzeugen.

SCHON GEWUSST? Die Nanoingenieure, die das Gecko®-Tape (Silikonfolie mit Haftelementen) entwickelten, wurden von den Milliarden Nanohärchen an den Füßen eines Geckos inspiriert. Es haftet an jeder Oberfläche.

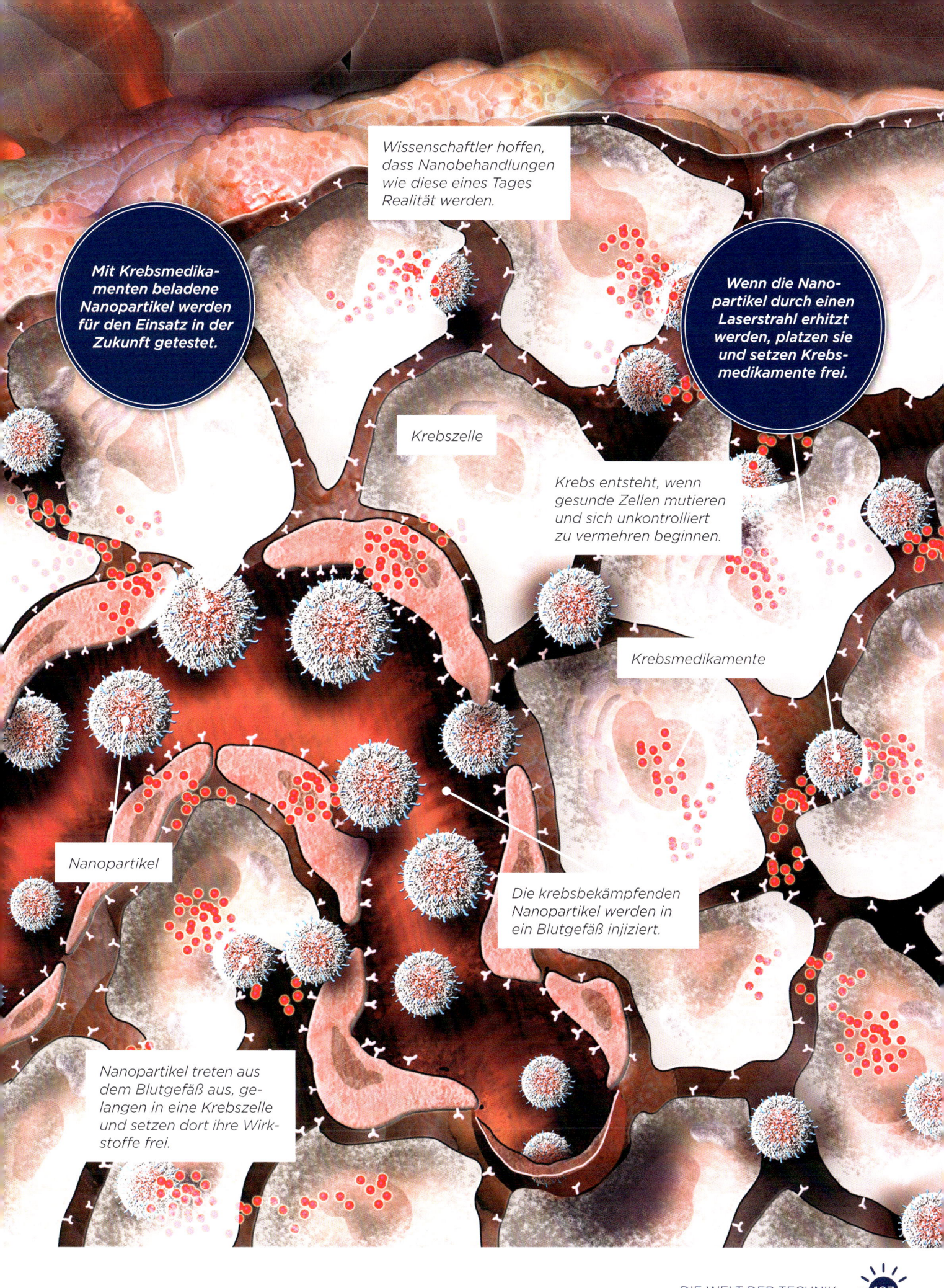

Wissenschaftler hoffen, dass Nanobehandlungen wie diese eines Tages Realität werden.

Mit Krebsmedikamenten beladene Nanopartikel werden für den Einsatz in der Zukunft getestet.

Wenn die Nanopartikel durch einen Laserstrahl erhitzt werden, platzen sie und setzen Krebsmedikamente frei.

Krebszelle

Krebs entsteht, wenn gesunde Zellen mutieren und sich unkontrolliert zu vermehren beginnen.

Krebsmedikamente

Nanopartikel

Die krebsbekämpfenden Nanopartikel werden in ein Blutgefäß injiziert.

Nanopartikel treten aus dem Blutgefäß aus, gelangen in eine Krebszelle und setzen dort ihre Wirkstoffe frei.

Gentechnik

Mit Hilfe der Gentechnik können Wissenschaftler die Gene von Lebewesen, also von Pflanzen, Tieren und Menschen, verändern. Die Auswahl von DNS-Molekülen, die bestimmte Gene in sich tragen, kann aufregende Resultate hervorbringen, wie z. B. die Vermeidung von Krankheiten. Aber es wirft auch eine knifflige Frage auf: Werden wir in Zukunft Menschen klonen und wären diese Klone wirklich menschlich?

Technische Methoden

Einfache genetische Selektion hilft dabei, Erbkrankheiten zu vermeiden. Ärzte befruchten die Eizellen einer Frau in einem Labor, untersuchen sie auf das krankheitsverursachende Gen und implantieren dann die gesunden Eizellen in ihre Gebärmutter. Eine kompliziertere Technik ist das sogenannte Genome-Editing, bei dem Teile eines bestimmten DNS-Strangs, die fehlerhafte Gene in sich tragen, ersetzt werden.

Nutzpflanzen können mit Genen aus anderen Organismen versehen werden, die Vorteile wie die Resistenz gegen Schädlinge oder Dürre mit sich bringen.

Beim Genome-Editing wird eine chemische „Schere" eingesetzt, um in die Zelle einzudringen und die fehlerhafte DNS zu ersetzen. Der korrigierte DNS-Strang wird dann bei jeder Zell-Reproduktion kopiert.

Das Klonen

Klone sind Organismen, die identische Gene haben. Genforscher ersetzen den Kern einer Eizelle durch einen Kern eines Spenders. Der neue Kern teilt und vermehrt sich, um Stammzellen zu schaffen – spezielle Zellen, die jede Art von Körpergewebe schaffen oder reparieren können. Der daraus entstehende Klon verfügt über dieselben Gene wie der Spender.

Der erste und berühmteste Klon eines Säugetiers war ein Schaf namens Dolly. Es wird hier zusammen mit Ian Wilmut gezeigt, der an seiner Erschaffung beteiligt war.

SCHON GEWUSST? 2012 nutzten Wissenschaftler in Utah die genetische Modifikation, um Ziegen zu erzeugen, deren Milch die gleichen Proteine wie superstarke Spinnenseide enthält.

Gentechnisch veränderte Lebens-
mittel sind in einigen Ländern
erlaubt, in anderen nicht. Manche
Menschen haben Vorbehalte gegen deren Verzehr und es gibt bis
heute keine Beweise dafür, dass sie
schädlich oder unschädlich sind.

Wissenschaftler
müssen darauf achten,
dass gentechnisch
veränderte Nutzpflanzen
nicht mit den herkömm-
lichen Nutzpflanzen
anderer Landwirte
gekreuzt werden.

ERSTAUNLICHE ENTDECKUNG

Wissenschaftler: Ian Wilmut, Keith Campbell, das Roslin-
Institut in Schottland
Entdeckung: Das Klonen von Säugetieren
Zeit: 1996
Hintergrundinfo: Wilmut, Campbell und ihr Team schufen Dolly,
indem sie den Zellkern eines Finn-Dorset-Schafes in die Eizelle
eines Scottish-Blackface-Schafes injizierten. Dann pflanzten
sie den entstandenen Embryo in eine Scottish-Blackface-Leih-
mutter ein.

IM INNERN DER ERDE

Unser Planet ist ein riesiger Gesteinsball mit einem Durchmesser von 12 742 km. Er mag durchgehend fest erscheinen, aber nicht weit unter der Oberfläche befindet sich eine dicke Schicht, der Mantel, der aus einer Mischung aus halbgeschmolzenem und festem Gestein besteht. Noch tiefer im Inneren liegt der Erdkern, eine rotierende Kugel aus geschmolzenem und festem Metall.

Schichten über Schichten

Die Erdkruste liegt auf dem oberen, halbgeschmolzenen Teil des Erdmantels auf und ist in gigantische Platten aufgespalten. Im Mantel wirbeln Gesteinsbrocken aneinander vorbei und leiten Wärme vom Kern an die Oberfläche. Der superheiße Kern besteht aus Eisen und Nickel und ist meist geschmolzen, in seinem innersten Kern jedoch fest.

Die Erde wurde vor etwa 4,6 Milliarden Jahren aus dem Material geschaffen, das bei der Entstehung der Sonne übrig blieb. Zuerst war sogar die Erdoberfläche aus heißem, geschmolzenem Gestein. Seitdem hat sich unser Planet jedoch immer weiter abgekühlt.

Das Magnetfeld der Erde

Der flüssige Teil des metallischen Erdkerns erzeugt bei seiner Rotation riesige elektrische Ströme, die ein Magnetfeld erzeugen – als wäre unser Planet ein riesiger Magnet mit Nord- und Südpolen nahe seiner Rotationsachse. Dieses Magnetfeld bildet eine Art Blase um die Erde, die wir Magnetosphäre nennen.

Die Magnetosphäre wehrt gefährliche Partikel aus der Sonne ab. Harmlose, energieärmere Sonnenteilchen gelangen über die Magnetpole in die Atmosphäre und erzeugen Polarlichter (siehe Seite 109).

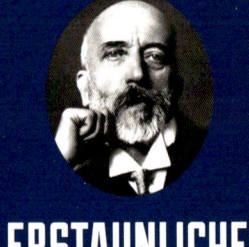

ERSTAUNLICHE ENTDECKUNG

Wissenschaftler: Andrija Mohorovičić
Entdeckung: Die inneren Schichten der Erde
Zeit: 1909
Hintergrundinfo: Der Wissenschaftler Mohorovičić beobachtete, dass die Schockwellen eines Erdbebens ihre Geschwindigkeit abhängig von ihrer Tiefe unter der Oberfläche ändern. Er erkannte, dass dies darauf zurückzuführen ist, dass sie verschiedene Gesteinsarten und Temperaturen durchdringen.

SCHON GEWUSST? Geologen schätzen, dass die Grenze zwischen dem festen inneren und dem flüssigen äußeren Erdkern eine Temperatur von 6000 °C erreicht – heißer als die Oberfläche der Sonne.

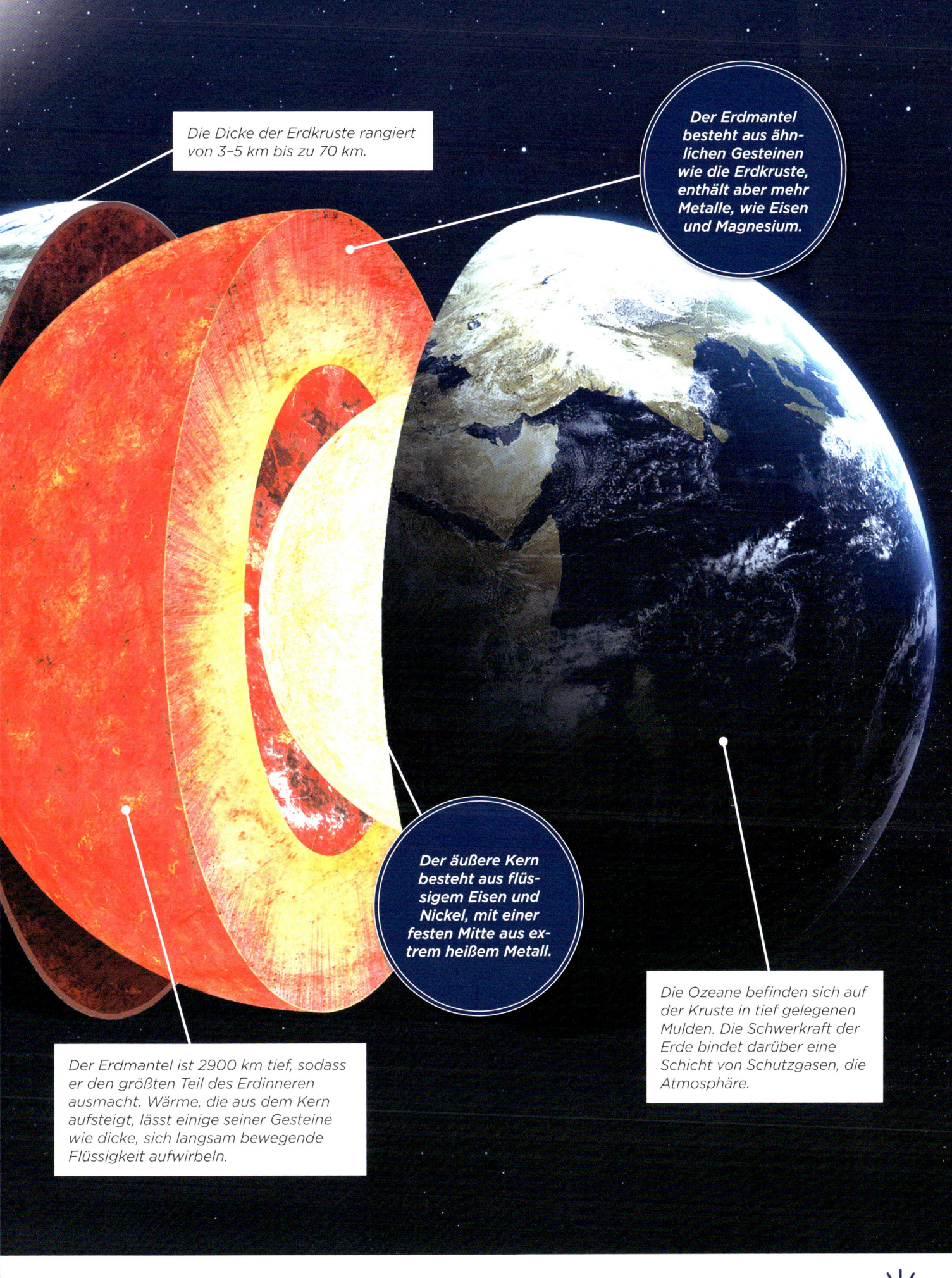

Die Dicke der Erdkruste rangiert von 3–5 km bis zu 70 km.

Der Erdmantel besteht aus ähnlichen Gesteinen wie die Erdkruste, enthält aber mehr Metalle, wie Eisen und Magnesium.

Der äußere Kern besteht aus flüssigem Eisen und Nickel, mit einer festen Mitte aus extrem heißem Metall.

Die Ozeane befinden sich auf der Kruste in tief gelegenen Mulden. Die Schwerkraft der Erde bindet darüber eine Schicht von Schutzgasen, die Atmosphäre.

Der Erdmantel ist 2900 km tief, sodass er den größten Teil des Erdinneren ausmacht. Wärme, die aus dem Kern aufsteigt, lässt einige seiner Gesteine wie dicke, sich langsam bewegende Flüssigkeit aufwirbeln.

Die Atmosphäre und das Wetter

Die Erde ist von einer dünnen, aber lebenswichtigen Gas-
schicht, der sogenannten Atmosphäre, umgeben. Sie sorgt
für die Luft, die wir atmen, bildet eine Schutzhülle, die uns
von extremen Temperaturen abschirmt und beschert uns
ein komplexes System von sich ständig änderndem Wetter.

Gase in der Atmosphäre

Ohne eine Atmosphäre, die die
Sonnenwärme aufnimmt und einfängt, wäre unser Planet tagsüber
unerträglich heiß und nachts
eiskalt. Die Hauptgase in der
Atmosphäre sind Stickstoff und
Sauerstoff. Die Ozeane, Gebirge
und das gesamte Leben auf der
Erde absorbieren und produzieren verschiedene Gase, wodurch
ein empfindliches Gleichgewicht
entsteht.

Weltraumteilchen stoßen in der Atmosphäre mit Atomen von Gasen zusammen, geben ihnen Energie und bringen sie zum Leuchten.

Das Wetter spielt sich in der Troposphäre ab, der Atmosphärenschicht, die der Erde am nächsten ist.

1. Warme Luft steigt in Äquatornähe auf, kühlt ab und sinkt in Polnähe wieder ab.

2. Winde werden durch die Erdrotation und durch auf- und absteigende Luft angetrieben.

ERSTAUNLICHE ENTDECKUNG

Wissenschaftler: George Hadley
Entdeckung: Die Passatzirkulation (ein Passat ist ein sehr starker, beständiger Wind)
Zeit: 1735
Hintergrundinfo: Der Amateur-Meteorologe Hadley war der Erste, der erkannte, dass Windverhältnisse darauf zurück-zuführen sind, dass sich die Erde um ihre Achse dreht und dass die Luft in heißen Gebieten aufsteigt, während sie in kälteren Gebieten sinkt.

SCHON GEWUSST? Am äußeren Rand der Exosphäre, 10 000 km über der Erdoberfläche, werden ständig leichte Gasteilchen in den Weltraum ausgestoßen.

Polarlichter, auch bekannt als Nord- und Südlichter, treten in der Nähe der Pole auf. Sie entstehen, wenn winzige Partikel aus dem Weltraum auf das Magnetfeld der Erde treffen.

Sauerstoffatome glühen in niedrigen Lagen grün und in hohen Lagen rot. Stickstoff erzeugt hingegen blaues oder violettes Licht.

Die meisten Polarlichter befinden sich in der Thermosphäre. Sie treten in 80–640 km Höhe über dem Boden auf.

Das Klima im Gleichgewicht halten

Kohlendioxid (CO_2) wird als Treibhausgas bezeichnet, weil es Wärme wie das Glas eines Gewächshauses einfängt. Das CO_2 in unserer Atmosphäre hält unseren Planeten warm. Die Verbrennung fossiler Brennstoffe wie Kohle und Öl sorgt jedoch für einen weit größeren CO_2-Ausstoß als früher. Das heizt den Planeten schneller auf und verändert unser Klima.

Die Atmosphäre ist in Schichten unterteilt, die bis in den Weltraum reichen. Je näher die Atmosphäre dem Weltraum kommt, desto dünner wird sie.

1. Troposphäre bis zu 17 km
2. Stratosphäre 17–50 km
3. Mesosphäre 50–80 km
4. Thermosphäre 80–700 km
5. Exosphäre 700–10 000 km

DAS WASSER AUF DER ERDE

Die Erde ist der einzige Planet in unserem Sonnensystem mit einer Oberflächentemperatur, bei der Wasser als Flüssigkeit, festes Eis und Gas (Wasserdampf) existieren kann. Der Wasserkreislauf wandelt Wasser innerhalb dieser Formen um, bringt es in Bewegung und formt unseren Planeten.

Erosion – die natürliche Abtragung von Gestein und Boden

Wasser ist eine unaufhaltsame Kraft. Flüsse und sich langsam bewegende Eiskörper, sogenannte Gletscher, tragen das Gestein der Erde ab, während Meere an Klippen prallen. Seit Jahrtausenden formt Wasser die Landschaft und transportiert bodennahe Partikel oder Sedimente in tief liegende Gebiete. Wasser ist eine noch mächtigere Erosionskraft als Wind, extreme Hitze oder Eiseskälte.

Wasser fließt natürlicherweise bergab. Niederschläge über dem Festland finden über Flüsse, Seen und unterirdische Quellen ihren Weg in die Ozeane.

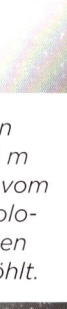

Der Grand Canyon in Arizona ist ein 1800 m tiefes Tal. Es wurde vom windungsreichen Colorado River in Millionen von Jahren ausgehöhlt.

Wissenschaftler: Benjamin Franklin
Entdeckung: Der Golfstrom
Zeit: 1769-1770
Hintergrundinfo: Der Golfstrom aus warmem, sich schnell bewegendem Wasser, das in nördlicher und östlicher Richtung über den Atlantik strömt, war schon früheren Seefahrern bekannt. Franklin war jedoch der Erste, der dieses Strömungssystem eingehend untersuchte. Er erkannte, dass es Teil eines größeren Gefüges aus Meeresbewegungen ist.

ERSTAUNLICHE ENTDECKUNG

SCHON GEWUSST? Würde man das gesamte Wasser der Erde in einer Kugel sammeln, so hätte diese einen Durchmesser von etwa 1385 km – das sind gerade einmal 0,1% des Gesamtvolumens unseres Planeten.

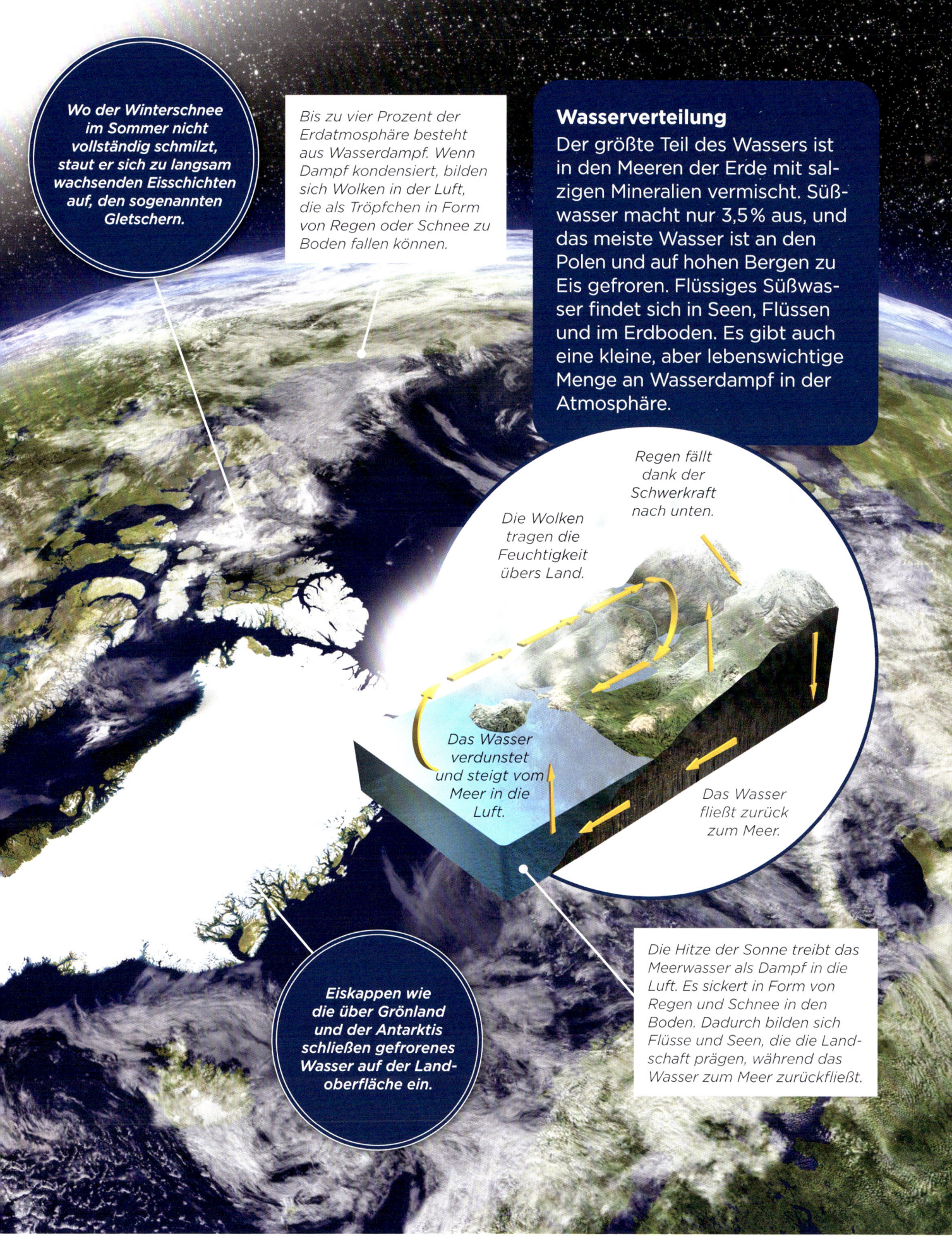

Wo der Winterschnee im Sommer nicht vollständig schmilzt, staut er sich zu langsam wachsenden Eisschichten auf, den sogenannten Gletschern.

Bis zu vier Prozent der Erdatmosphäre besteht aus Wasserdampf. Wenn Dampf kondensiert, bilden sich Wolken in der Luft, die als Tröpfchen in Form von Regen oder Schnee zu Boden fallen können.

Wasserverteilung

Der größte Teil des Wassers ist in den Meeren der Erde mit salzigen Mineralien vermischt. Süßwasser macht nur 3,5 % aus, und das meiste Wasser ist an den Polen und auf hohen Bergen zu Eis gefroren. Flüssiges Süßwasser findet sich in Seen, Flüssen und im Erdboden. Es gibt auch eine kleine, aber lebenswichtige Menge an Wasserdampf in der Atmosphäre.

Regen fällt dank der Schwerkraft nach unten.

Die Wolken tragen die Feuchtigkeit übers Land.

Das Wasser verdunstet und steigt vom Meer in die Luft.

Das Wasser fließt zurück zum Meer.

Eiskappen wie die über Grönland und der Antarktis schließen gefrorenes Wasser auf der Landoberfläche ein.

Die Hitze der Sonne treibt das Meerwasser als Dampf in die Luft. Es sickert in Form von Regen und Schnee in den Boden. Dadurch bilden sich Flüsse und Seen, die die Landschaft prägen, während das Wasser zum Meer zurückfließt.

DIE ERDKRUSTE

Die Erdkruste ist ein Teil dessen, was unseren Planeten einzigartig macht. Sie ist in sieben große Platten (und viele kleinere) zerbrochen, die sich auf dem Erdmantel bewegen. Im Laufe von Millionen von Jahren verändern diese Platten die Kontinente und Ozeane der Erde in einem Prozess, der Plattentektonik genannt wird.

Schwimmende Kontinente

Die Erdkruste schwimmt oben auf dem Erdmantel, weil sie aus leichterem Gestein besteht. Dort, wo die Kruste am stärksten ist (auf Kontinenten oder in hohen Gebirgsketten), erstreckt sie sich auch am tiefsten – ähnlich wie ein Eisberg. Die kontinentale Kruste kann bis zu 70 km dick sein.

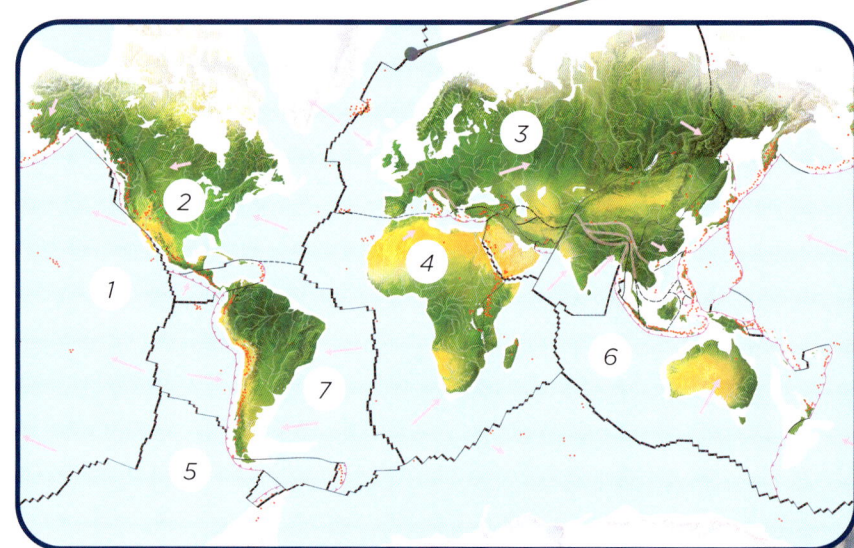

Wo Platten in der Kruste aufeinander driften, entsteht durch Vulkan-ausbrüche im Erdmantel eine dünne neue Kruste.

Die Kontinentalplatten:
1. Pazifische Platte 2. Nordamerikanische Platte
3. Eurasische Platte 4. Afrikanische Platte
5. Antarktische Platte
6. Australische Platte (aufgespalten in die Australische und Indische Platte)
7. Südamerikanische Platte

Orte wie die Danxia-Landschaften Chinas zeigen, wie sich Sedimentgestein in Schichten oder Lagen ausbildet.

Drei Gesteinsarten

Vulkanisches Gestein, z. B. Basalt, bildet sich aus erkaltetem Magma, entweder unterirdisch oder dort, wo es als Lava aus einem Vulkan ausgebrochen ist. Sedimentgestein, wie Sandstein, entsteht, wenn sich abgeschliffene Gesteinspartikel absetzen und verdichten. Metamorphes Gestein entsteht, wenn eine andere Gesteinsart großer Hitze oder hohem Druck ausgesetzt wird. Dabei verändern sich die darin enthaltenen Mineralien – erhitzter Kalkstein wird zum Beispiel zu Marmor.

SCHON GEWUSST? Die meisten tektonischen Platten bewegen sich etwa 2,5 cm pro Jahr, aber die südpazifische Nazca-Platte ist mehr als doppelt so schnell.

Einige Berge bestehen aus vulkanischem Gestein, das sich aus geschmolzener Lava verfestigt hat.

Einige Berge enthalten Gesteine, die sich vor Millionen von Jahren auf dem Meeresboden gebildet haben.

Selbst die höchsten Berge werden im Laufe der Zeit durch Hitze, Kälte, Wind und Regen stetig abgetragen.

ERSTAUNLICHE ENTDECKUNG

Wissenschaftler: James Hutton
Entdeckung: Der Kreislauf der Gesteine
Zeit: 1785
Hintergrundinfo: Der schottische Geologe Hutton zeigte, wie die drei wichtigsten Gesteinsarten miteinander in Beziehung stehen, und zwar aufgrund wiederholter Zyklen der Ablagerung, des Erhebens und des Abnutzens, die sich über Hunderte von Jahrmillionen erstrecken.

VULKANE UND ERDBEBEN

Dort, wo die Platten der Erdkruste aufeinandertreffen, werden starke Kräfte entfesselt. Riesige Gesteinsmassen zerbröckeln oder schleifen aneinander vorbei, wodurch sie verheerende Erdbeben auslösen. Wo die Erdkruste bis zum Erdmantel eingerissen wird, tritt geschmolzenes Gestein durch Vulkane aus.

Heftige Vulkanausbrüche entstehen, wenn eingeschlossenes Gas aus Magmakammern unter der Erdoberfläche ausbricht.

Plattengrenzen

Wenn Platten frontal aufeinandertreffen, hängt es von der Art der Kruste ab, was als nächstes passiert. Trifft die dünne ozeanische Kruste auf die dicke kontinentale Kruste, wird sie darunter geschoben. Da die ozeanische Kruste dann im Mantel schmilzt, setzt sie Wärme frei, wodurch Vulkane entstehen. Treffen zwei Kontinentalplatten aufeinander, wölben sie sich und bilden hoch emporragende Bergketten.

Platten stoßen an konvergenten Grenzen zusammen, driften (oft unterhalb der Ozeane) an divergenten Grenzen auseinander und schleifen an konservativen Plattengrenzen aneinander vorbei.

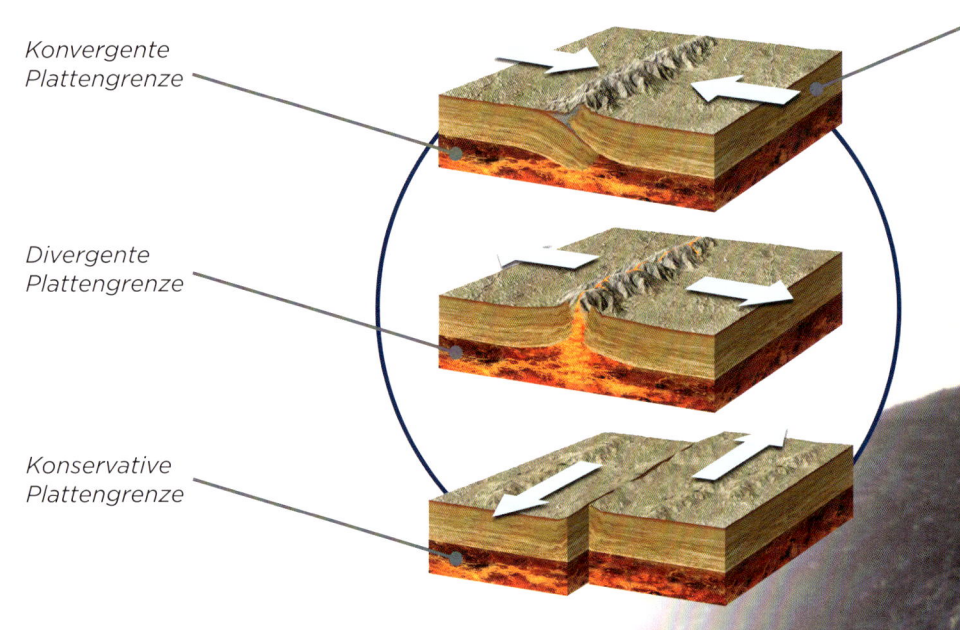

Konvergente Plattengrenze

Divergente Plattengrenze

Konservative Plattengrenze

ERSTAUNLICHE ENTDECKUNG

Wissenschaftler: Alfred Wegener
Entdeckung: Die Kontinentalverschiebung
Zeit: 1912
Hintergrundinfo: Der Meteorologe Wegener bemerkte, dass die Ränder weit auseinander liegender Landmassen wie Puzzleteile zusammenpassen. Er vermutete, dass sich die Kontinente auf der Erdkruste langsam umherbewegen, seine Theorie setzte sich jedoch erst in den 1950er-Jahren durch.

SCHON GEWUSST? 1883 löste der Ausbruch des indonesischen Vulkans Krakatau das lauteste bisher dokumentierte Geräusch aus. Menschen konnten die Eruption 5000 km weit hören!

Vulkane entstehen dort, wo tektonische Bewegungen das unterirdische Gestein erhitzen und zum Schmelzen bringen, sodass geschmolzenes Magma entsteht. Wenn Magma an der Oberfläche austritt, wird es Lava genannt.

Erdbeben

Wenn sich die Erdkruste plötzlich verschiebt, löst das Störungswellen aus, die wir als Erdbeben kennen. Dies kann passieren, wenn tektonische Platten zusammenstoßen oder wenn sie seitlich aneinander vorbeischleifen. Die Störungswellen weiten sich über die gesamte Erdkruste und auch im Erdinneren aus. Manchmal können die Schwingungen sogar auf der anderen Seite der Welt wahrgenommen werden.

Viele unserer größten Städte, wie z. B. Mexiko-Stadt, befinden sich in Erdbebengebieten. Leider können Wissenschaftler noch nicht genau vorhersagen, wo und wann ein katastrophales Beben stattfinden wird.

Flüssige Lava aus Vulkanen kühlt schnell ab und verfestigt sich zu neuem Vulkangestein.

Vulkane und Erdbeben entstehen an Plattengrenzen, aber auch an zufälligen „Hot Spots" im Erdmantel.

Die Erde und der Mond

Die Erde ist auf ihrer Reise durch den Weltraum nicht allein. Eine felsige Satellitenwelt, die wir als Mond kennen, umkreist unseren Planeten alle 27,3 Tage. Mit 3474 km beträgt der Durchmesser des Mondes ein Viertel des Erddurchmessers. Er ist ca. 400 000 km von der Erde entfernt – nah genug, um einen großen Einfluss auf unseren Planeten auszuüben.

Eine Welt ohne Leben

Die geringe Größe und Schwerkraft des Mondes verhindern, dass er eine Atmosphäre an sich binden kann. Es gibt dort kein Leben, kein Oberflächenwasser und keine tektonischen Platten. Die Hauptmerkmale des Mondes sind helle Hochebenen und dunkle, glatte Tiefebenen (Mare) aus erstarrter Lava uralter Vulkane. Die Hochebenen sind mit Kratern bedeckt, die aus der Zeit stammen, als der Mond zu Beginn seiner Geschichte mit Weltraumgestein bombardiert wurde.

Die Vulkanaktivitäten auf dem Mond endeten vor etwa drei Milliarden Jahren. Seitdem sind durch Asteroideneinschläge nur wenige neue Krater entstanden.

Staub, der bei Asteroideneinschlägen aufgewirbelt wird, bildet helle Streifen auf der Oberfläche.

Der Mond hat kein eigenes Licht – er reflektiert das der Sonne. Während er uns umkreist, sehen wir unterschiedlich viel von der beleuchteten Seite und er scheint seine Form zu verändern. Die verschiedenen Formen werden als Mondphasen bezeichnet.

ERSTAUNLICHE ENTDECKUNG

Wissenschaftler: Die Astronauten der Apollo-Mission
Entdeckung: Die Entstehung des Mondes
Zeit: 1969–1972
Hintergrundinfo: Gesteine, die während der Apollo-Mondlandungen gesammelt wurden, gaben den Wissenschaftlern auf der Erde Aufschluss darüber, wie der Mond entstanden ist – vermutlich aus geschmolzenem Gestein, das ausgestoßen wurde, als vor 4,5 Milliarden Jahren ein Himmelskörper in Marsgröße mit der jungen Erde kollidierte.

SCHON GEWUSST? Die Energie der Gezeiten der Erde bewirkt, dass sich der Mond jedes Jahr etwa 3,8 cm weiter von der Erde entfernt.

Der Mond hat keine Luft-
schicht, die ihn schützt.
Seine Temperatur bewegt
sich zwischen 130 °C auf der
Tagseite und -160 °C auf
der Nachtseite.

Dunklere Tiefebenen
zeigen, an welchen
Stellen riesige Krater
auf der Mondober-
fläche mit vulkanischer
Lava gefüllt sind.

Ebbe und Flut

Die Schwerkraft des Mondes zieht an der erd-
nahen Seite. Dadurch entstehen Wölbungen
(Flutberge) in den Ozeanen der Erde direkt
unter und gegenüber dem Mond. Da sich die
Erde jeden Tag unter diesen Wölbungen dreht,
steigen die Meere an (Flut) oder sinken ab
(Ebbe).

Gleichen sich die Einflüsse
von Sonne und Mond auf
die Erde aus, führt dies zu
schwach ausgeprägten
Gezeiten.

Die Anziehungskraft
der Sonne erzeugt ihre
eigene Gezeitenwirkung.
Sie kann entweder gegen
die Anziehungskraft des
Mondes (1) oder mit ihr
wirken (2).

1

2

Stehen Sonne,
Mond und Erde
in einer Linie,
verstärken sich
die Gezeiten.

DAS SONNENSYSTEM

Die Erde ist der dritte von acht Planeten, die unseren lokalen Stern, die Sonne, umkreisen. Den Teil des Raums, der von der Anziehungskraft der Sonne erfasst wird, bezeichnet man als Sonnensystem. Neben den Planeten enthält er unzählige kleinere Welten – felsige Asteroiden im inneren Sonnensystem, weiter draußen gefrorene Kometen und Eiszwerge.

Die Planeten

Merkur, Venus, Erde und Mars sind der Sonne am nächsten. Die Erde ist der größte dieser Gesteinsplaneten. Weiter draußen liegen die Riesenplaneten – Jupiter (der größte von allen), Saturn, Uranus und Neptun. Jeder der Riesenplaneten besitzt Ringe und eine Familie von Monden.

Uranus

Neptun

Das leuchtend helle Ringsystem des Saturn besteht aus unzähligen vereisten Fragmenten, die sich auf einer Umlaufbahn um ihn herum befinden.

Die Sonne ist ein massiver, glühender Gasball von etwa 1,4 Millionen km Durchmesser. Sie enthält 99,8 % der Masse des Sonnensystems und versorgt alle Planeten mit Wärme und Licht.

ERSTAUNLICHE ENTDECKUNG

Wissenschaftler: Tycho Brahe, Johannes Kepler
Entdeckung: Die Umlaufbahnen der Planeten
Zeit: 1572–1619
Hintergrundinfo: Kepler nutzte Brahes sorgfältige Beobachtung des Mars, um zu zeigen, dass sich die Planeten nicht in perfekten Kreisen bewegen. Er erklärte, dass ihre Bahnen elliptisch verlaufen und dass sie sich schneller bewegen, je näher sie der Sonne sind.

SCHON GEWUSST? Der Asteroidengürtel zwischen Mars und Jupiter enthält etwa 1,5 Millionen Weltraumgesteine mit einem Durchmesser von mehr als 1 km.

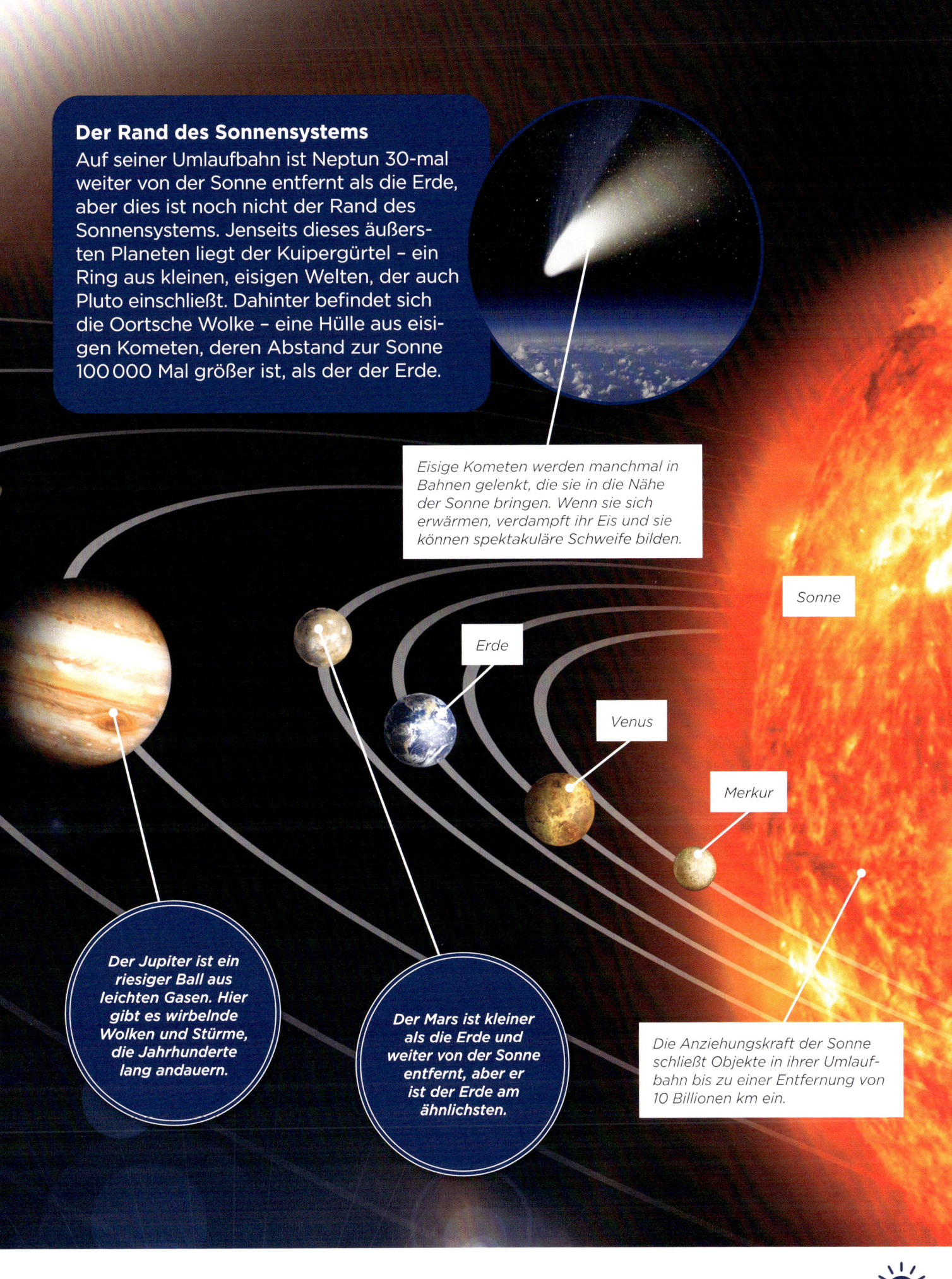

Der Rand des Sonnensystems

Auf seiner Umlaufbahn ist Neptun 30-mal weiter von der Sonne entfernt als die Erde, aber dies ist noch nicht der Rand des Sonnensystems. Jenseits dieses äußersten Planeten liegt der Kuipergürtel – ein Ring aus kleinen, eisigen Welten, der auch Pluto einschließt. Dahinter befindet sich die Oortsche Wolke – eine Hülle aus eisigen Kometen, deren Abstand zur Sonne 100 000 Mal größer ist, als der der Erde.

Eisige Kometen werden manchmal in Bahnen gelenkt, die sie in die Nähe der Sonne bringen. Wenn sie sich erwärmen, verdampft ihr Eis und sie können spektakuläre Schweife bilden.

Sonne

Erde

Venus

Merkur

Der Jupiter ist ein riesiger Ball aus leichten Gasen. Hier gibt es wirbelnde Wolken und Stürme, die Jahrhunderte lang andauern.

Der Mars ist kleiner als die Erde und weiter von der Sonne entfernt, aber er ist der Erde am ähnlichsten.

Die Anziehungskraft der Sonne schließt Objekte in ihrer Umlaufbahn bis zu einer Entfernung von 10 Billionen km ein.

DIE STERNE UND DIE GALAXIE

Unsere Sonne ist nur einer von 200 Milliarden Sternen in einer riesigen, sich langsam drehenden Spiralgalaxie namens Milchstraße. Die Sonne ist ein sehr durchschnittlicher Stern und erscheint nur deshalb so hell, weil sie uns nahe ist. Andere Sterne sind so weit entfernt, dass ihr Licht viele Jahre benötigt, um die Erde zu erreichen.

Sternarten

Die Helligkeit eines Sterns am Himmel hängt davon ab, wie weit er von der Erde entfernt ist und wie viel Lichtenergie er produziert. Sterne leuchten durch Kernfusionsreaktionen, die Milliarden von Jahren dauern können. Sie variieren von energieärmeren Zwergen, die 50 000 Mal schwächer als die Sonne sind, bis hin zu Riesen, die 30 Millionen Mal heller sind.

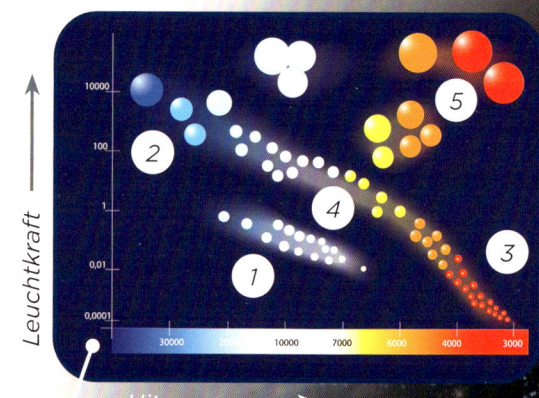

Das Sterben der Sterne

Wenn einem Stern der Kernbrennstoff ausgeht, durchläuft er beim Sterben eine Reihe von Veränderungen. Zunächst dehnt er sich aus, wird heller und entwickelt sich zu einem roten Riesen. Mit Ausnahme der schwersten Sterne lösen sich danach alle Sterne von ihren äußeren Schichten und hinterlassen einen ausgebrannten Kern, den man weißer Zwerg nennt.

Diese Grafik zeigt die verschiedenen Arten von Sternen bei unterschiedlichen Temperaturen und Helligkeiten. Rote Sterne sind kühler und blaue Sterne sind heißer.

Die Sternarten
1. Weiße Zwerge
2. Blaue Riesen
3. Rote Zwerge
4. Sonnenähnliche Sterne
5. Rote Überriesen

Die massivsten Sterne sterben bei einer als Supernova bezeichneten Explosion, die eine ganze Galaxie kurzzeitig überstrahlen kann. Alles, was hierbei von einem Stern übrig bleibt, ist eine sich ausdehnende Blase aus superheißem Gas.

ERSTAUNLICHE ENTDECKUNG

Wissenschaftler: Ejnar Hertzsprung, Henry Norris Russell
Entdeckung: Temperatur-Leuchtkraft-Diagramm
Zeit: 1910-1913
Hintergrundinfo: Hertzsprung und Russel fanden heraus, dass fast alle Sterne einer einfachen Regel folgen – je heller sie sind, desto heißer sind sie. Nur wenige Sterne sind hell, aber kühl (rote Riesen) oder schwach und dennoch heiß (weiße Zwerge).

SCHON GEWUSST? Astronomen messen die Entfernung zu den Sternen in Lichtjahren – das ist die Distanz, die das Licht in einem Jahr zurücklegt. Ein Lichtjahr entspricht 9,5 Billionen km.

Die Milchstraße hat einen Durchmesser von etwa 120 000 Lichtjahren. Unser Sonnensystem umkreist seinen Kern alle 240 Millionen Jahre.

Im Herzen der Milchstraße umkreisen Milliarden von roten und gelben Sternen ein riesiges schwarzes Loch.

Sterne bilden sich aus zusammenfallenden Gaswolken. Sie entstehen in Haufen aus heißen blauen und weißen Sternen.

Die Milchstraße ist eine riesige abgeflachte Scheibe aus Gas, Staub und Sternen. Neue Sterne werden in spiralförmigen Regionen geboren, die sich aus dem Kern der Galaxie herauswinden.

DAS UNIVERSUM

Das Universum besteht (vermutlich) aus allem, das existiert – eine riesige und vielleicht endlose Ausdehnung von Raum und Zeit. Unsere Milchstraße ist nur eine von mehr als 100 Milliarden Galaxien. Mächtige Teleskope machen Millionen dieser Galaxien, die über den Weltraum verteilt sind, für uns sichtbar.

Die Vermessung des Universums

Astronomen können herausfinden, wie weit andere Galaxien entfernt sind, indem sie nach sogenannten veränderlichen Sternen suchen. Diese ändern ihre Helligkeit mit der Zeit und einige folgen einem sich wiederholenden Zyklus. Wir können die tatsächliche Helligkeit der veränderlichen Sterne mit der scheinbaren Helligkeit vergleichen, die sich aus ihrer Entfernung – normalerweise viele Millionen Lichtjahre – ergibt. Eine andere Methode besteht darin, nach explodierenden Sternen (Supernovae) in entfernten Galaxien zu suchen und zu beobachten, wie hell diese werden.

Spiralgalaxien erscheinen blau und weiß aufgrund der jungen, hellen Sterne in ihren Scheiben.

Astronomen entdeckten die Bewegung von Sternen und Galaxien, indem sie die Rotverschiebung in ihrem Licht gemessen haben. Bei einem Objekt, das sich von der Erde wegbewegt, wird dessen Licht auf längere, rötlichere Wellenlängen gedehnt. Die Wellenlängen eines Objekts, das sich auf uns zubewegt, werden dagegen verkürzt und erscheinen bläulich (Blauverschiebung).

Kosmische Ausdehnung

Als Astronomen zum ersten Mal die tatsächliche Entfernung zu nahen Galaxien errechneten, stellten sie ein Muster fest – je weiter eine Galaxie entfernt ist, desto schneller bewegt sie sich von uns weg. Das liegt daran, dass sich der Weltraum selbst ausdehnt und Galaxien voneinander wegtreibt – ähnlich wie Rosinen in einem aufgehenden Kuchen.

Galaxien gibt es in verschiedenen Formen. Die meisten von ihnen sind Spiralen wie unsere Milchstraße. Darüber hinaus gibt es noch Elliptische Galaxien (kugelförmig) und Irreguläre Galaxien (formlose Gaswolken).

Elliptische Galaxien *Irreguläre Galaxien* *Spiralgalaxien*

SCHON GEWUSST? Ein Blick durch den Weltraum ist dasselbe wie ein Blick in die Vergangenheit – das Licht, das wir von den entferntesten Galaxien wahrnehmen, befindet sich seit 13,4 Milliarden Jahren auf dem Weg zu uns.

Entfernte Galaxien erscheinen rötlicher, da sie sich schneller wegbewegen – ihr Licht wird ausgedehnt.

Schwarze Löcher in den Kernen einiger Galaxien befördern Strahlen hochenergetischer Teilchen in den intergalaktischen Raum.

Galaxien sehen unterschiedlich aus, je nachdem, aus welchem Winkel man sie betrachtet – dies ist eine Spirale, die von der Seite betrachtet wird.

Elliptische Galaxien sind Kugeln aus meist roten und gelben Sternen.

ERSTAUNLICHE ENTDECKUNG

Wissenschaftler: Henrietta Swan Leavitt (links), Edwin Hubble
Entdeckung: Die Ausdehnung des Weltalls
Zeit: 1908–1929
Hintergrundinfo: Leavitt war die Erste, die den Zusammenhang zwischen der zeitlichen Veränderung einiger variabler Sterne und ihrer wahren Helligkeit erkannte. Hubble nutzte dies, um die Entfernung naher Galaxien abzuschätzen und um die kosmische Ausdehnung zu entdecken.

DER URKNALL

Das Universum entstand aus einer gewaltigen Explosion, die vor etwa 13,8 Milliarden Jahren stattfand. Dieser Urknall setzte riesige Energiemengen frei, aus denen die gesamte Materie im Universum entstand. Sogar Raum und Zeit wurden dadurch geschaffen.

Materie, Energie, Raum und Zeit sind während des Urknalls vor 13,8 Milliarden Jahren entstanden.

Beweise für den Urknall

Die Erkenntnis, dass sich alle Galaxien voneinander weg bewegen, zeigt, dass sie in der Vergangenheit, als das Universum noch viel dichter und heißer gewesen sein musste, vermutlich viel näher beieinander lagen. Sogar das schwache Nachglühen des Urknalls – Wellen der kosmischen Mikrowellenhintergrundstrahlung – kann man noch immer sehen.

Kosmische Mikrowellenhintergrundstrahlung ist ein schwaches Glühen von Radiowellen, die aus dem gesamten Himmel stammen. Hellere und dunklere Bereiche weisen auf die Ursprünge von Galaxienhaufen im frühen Universum hin.

Ist das Universum doch endlich?

Für das Universum gibt es drei mögliche Zukunftsaussichten. Die Schwerkraft aller Materie in seinem Inneren könnte seine Ausdehnung verlangsamen, bis es zu einem Big Crunch („Das große Zusammenkrachen") kommt. Eine andere Möglichkeit ist der Big Rip („Das große Zerreißen"), bei dem eine mysteriöse Kraft namens Dunkle Energie alles auseinanderreißen könnte. Und schließlich könnte sich der Weltraum einfach weiter ausdehnen.

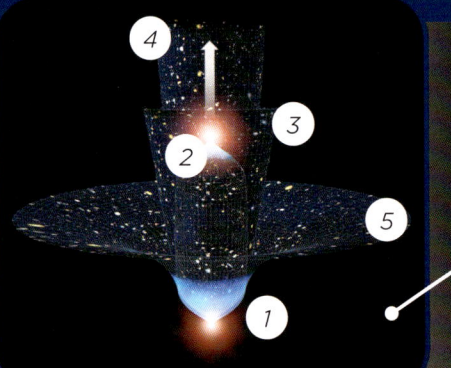

Das Universum entstand mit dem Urknall (1). Es kann in einem explosiven Big Crunch (2) enden oder sich weiter ausdehnen (3). Diese Illustration zeigt auch, was passieren würde, wenn das Universum keine Dunkle Energie besäße (4) oder wenn es so viel davon hätte, dass es sich schließlich in einem Big Rip zerreißen würde (5).

SCHON GEWUSST? Die kosmische Mikrowellenhintergrundstrahlung erwärmt das gesamte Universum auf genau 2,7 °C über der kältestmöglichen Temperatur (-273,15 °C).

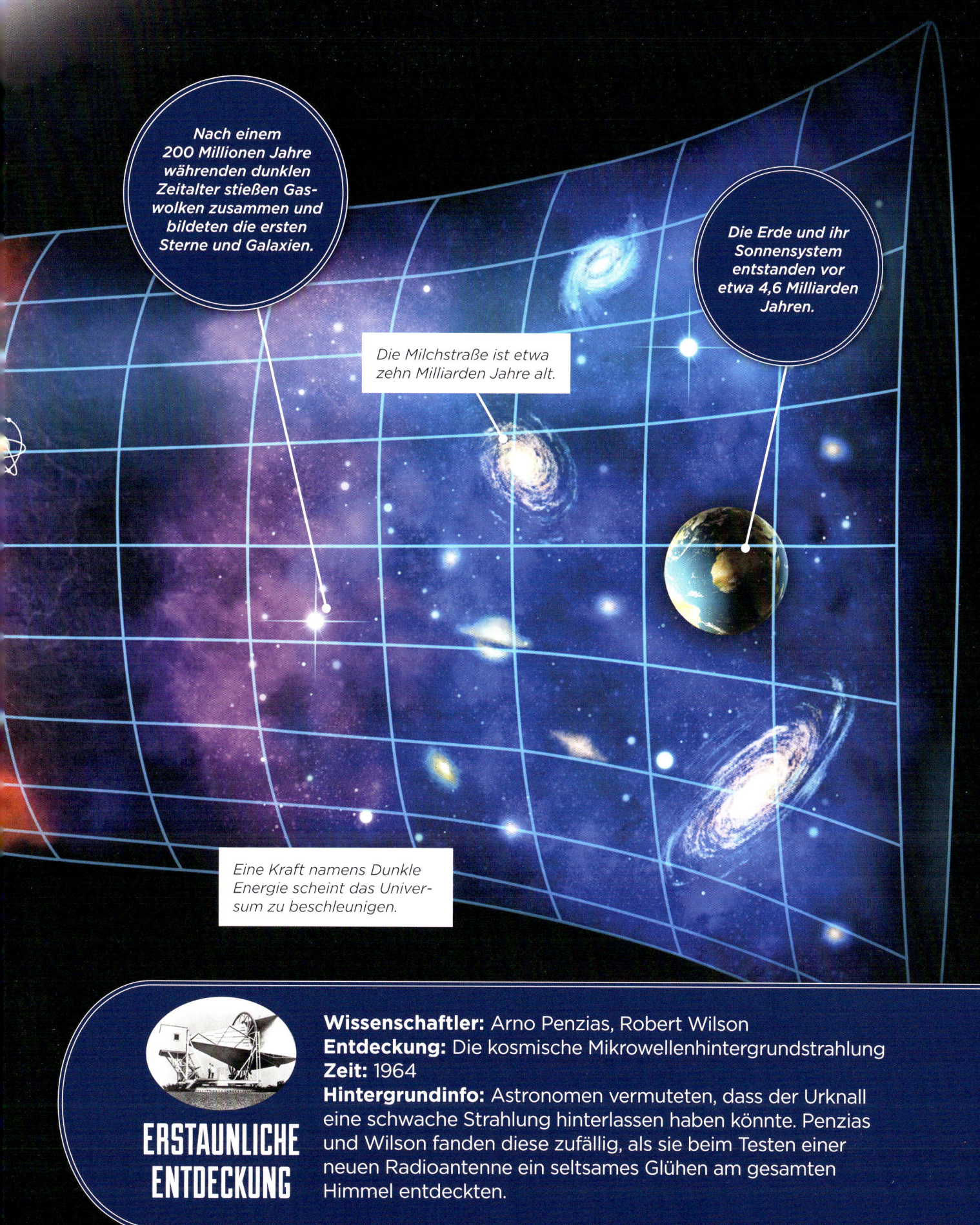

Nach einem 200 Millionen Jahre während den dunklen Zeitalter stießen Gaswolken zusammen und bildeten die ersten Sterne und Galaxien.

Die Milchstraße ist etwa zehn Milliarden Jahre alt.

Die Erde und ihr Sonnensystem entstanden vor etwa 4,6 Milliarden Jahren.

Eine Kraft namens Dunkle Energie scheint das Universum zu beschleunigen.

ERSTAUNLICHE ENTDECKUNG

Wissenschaftler: Arno Penzias, Robert Wilson
Entdeckung: Die kosmische Mikrowellenhintergrundstrahlung
Zeit: 1964
Hintergrundinfo: Astronomen vermuteten, dass der Urknall eine schwache Strahlung hinterlassen haben könnte. Penzias und Wilson fanden diese zufällig, als sie beim Testen einer neuen Radioantenne ein seltsames Glühen am gesamten Himmel entdeckten.

GLOSSAR

Aggregatzustand
Art und Weise, wie Atome oder Moleküle einer Substanz angeordnet sind.

Amplitude
Schwingungsweite einer Welle.

analog
Verwendung von Informationssignalen in physikalischer Form, z. B. elektrischer Strom oder Radiowellen, die sich ständig verändern.

Arbeit
Prozess, ein Objekt durch Energie (eine Kraft) von einem Ort zum anderen zu bewegen.

Atom
Kleinste Einheit eines Elements.

Atomkern
Zentrum eines Atoms, in dem seine positive elektrische Ladung und fast seine gesamte Masse aus subatomaren Teilchen – Protonen und Neutronen – konzentriert sind.

Binärsystem
Zahlensystem, das nur zwei Ziffern nutzt – 0 und 1. Das übliche Zahlensystem nutzt die Ziffern 0–9.

Chemische Reaktion
Prozess, der chemische Bindungen innerhalb von Molekülen aufbricht, Atome verschiebt und neue Moleküle erzeugt.

Chemische Verbindung
Verbindung zwischen zwei oder mehr Atomen, die nur durch eine stärkere chemische Reaktion aufgehoben werden kann.

digital
Verwendung von Signalen oder Informationen, die üblicherweise in Form von Binärcodes vorliegen.

DNS (Desoxyribonukleinsäure)
Substanz, die Gene – und somit die Erbinformation – in sich trägt und in den Zellkernen aller Lebewesen zu finden ist.

Elektrische Ladung
Eigenschaft einiger Arten von Materie, die dafür sorgt, dass sie durch Elektromagnetismus beeinflusst werden können.

Elektrizität
Elektrische Ladung, die von einem Ort zum anderen fließt. Sie kann eingesetzt werden, um Arbeit zu verrichten.

Elektromagnetismus
Fundamentale Kraft der Natur, die alle Teilchen beeinflusst, die elektrisch geladen sind oder ein Magnetfeld besitzen.

Elektron
Negativ geladenes subatomares Teilchen, das sich außerhalb des Atomkerns befindet. Elektrizität wird meist durch den Fluss von Elektronen von einem Ort zum anderen geleitet.

Elektronik
Technologie, die sehr kleine elektrische Ströme nutzt, um Informationen zu speichern, zu senden und zu verändern.

Element
Substanz, die vollständig aus einer Atomart besteht. Die 118 bisher gefundenen Elemente sind im Periodensystem aufgeführt.

Energie
Sie ermöglicht es uns, Arbeit zu verrichten. Es gibt sie in vielen Formen, darunter Wärme, Licht, Elektrizität und Atomkraft.

Enzym
Protein, das chemische Reaktionen steuert.

Evolution
Prozess, bei dem sich lebende Organismen über lange Zeiträume hinweg allmählich verändern und der zur Entstehung neuer Arten führt. Er wird durch die natürliche Auslese angetrieben.

fest
Aggregatzustand, in dem Atome oder Moleküle fest aneinander gebunden sind und sich nicht frei bewegen können.

flüssig
Aggregatzustand, in dem Atome oder Moleküle dicht nebeneinander liegen, sich aber frei bewegen können.

gasförmig
Aggregatzustand, in dem Atome oder Moleküle weit voneinander getrennt sind und sich frei bewegen können.

Gemisch
Materie, die aus Elementen besteht, welche durch chemische Bindungen miteinander verbunden sind.

Gen
Abschnitt der DNS, der für die Herstellung der Strukturen und die Bereitstellung der Funktionen erforderlich ist, die ein lebender Organismus benötigt. Träger der Erbinformation.

Gestein
In der Natur vorkommendes festes Material aus einer Mischung verschiedener Mineralien.

Gewebe
Zellansammlung, die eine Funktion in einem lebenden Organismus ausführt.

Isotope
Spezielle Atomarten, mit gleicher Kernladung, aber einer unterschiedlichen Anzahl von Neutronen, die dennoch das gleiche Element darstellen.

Konvektion
Wärmeströmung in Flüssigkeiten oder Gasen, bei der sich heiße Bereiche ausdehnen und nach oben steigen, während kalte Bereiche absinken.

Kraft

Druck oder Zug, der auf ein Objekt ausgeübt wird und dessen Bewegung verändert.

Kristall

Festes Material, dessen Atome oder Moleküle in einem sich wiederholenden, regelmäßigen Muster angeordnet sind.

Legierung

Mischung aus zwei oder mehr Metallen oder einem Metall und einem Nichtmetall.

Lichtwelle

Elektromagnetische Welle, die von den meisten Objekten ausgesandt oder reflektiert wird. Unsere Augen nutzen Licht, um Objekte, die uns umgeben, zu sehen.

Logikgatter

Teil eines Schaltkreises in einem Computer, der auf der Grundlage von Binärzahlen entscheidet, ob Strom fließen darf.

Magnetfeld

Form des Elektromagnetismus, die einerseits von elektrischen Leitern und Metallen mit bestimmten Eigenschaften erzeugt wird, und andererseits auf diese wirkt.

Materie

Sammelbegriff für alles, das Masse besitzt und Raum einnimmt.

Mineralien

Feste chemische Verbindungen, oft mit einer Kristallstruktur, die aus natürlichen Chemikalien im Wasser oder im Boden gebildet werden.

Molekül

Kleinste Einheit einer chemischen Verbindung, die aus zwei oder mehr miteinander verknüpften Atomen besteht.

Nanometer

Ein milliardstel Meter

Neutron

Subatomares Teilchen ohne elektrische Ladung, das sich im Inneren des Atomkerns befindet.

Organ

Gewebe in einem komplexen Lebewesen, das eine besondere Funktion ausübt, um den Organismus am Leben zu erhalten.

Organell

Struktur in einer Zelle, die eine bestimmte Aufgabe erfüllt.

Photon

Ein partikelähnliches Bündel aus Licht oder anderer elektromagnetischer Strahlung.

Photosynthese

Chemische Reaktion, die Pflanzen nutzen, um mit Sonnenenergie, Kohlendioxid und Wasser nützliche Chemikalien herzustellen.

Proton

Positiv geladenes subatomares Teilchen im Inneren des Zellkerns.

Quantenphysik

Physikzweig, der beschreibt, dass sich subatomare Teilchen wie Wellen verhalten können und überraschende Eigenschaften aufweisen.

radioaktiv

Bezeichnung für Atome, deren Kerne instabil sind, auseinander brechen und dabei hochenergetische Teilchen freisetzen.

Radiowellen

Sich bewegende Welle elektromagnetischer Strahlung mit viel weniger Energie als Licht. Viele Technologien nutzen Radiowellen zum Senden und Empfangen von Signalen.

Reibung

Kraft zwischen sich bewegenden Objekten, deren Oberflächen aneinander reiben und sich dadurch verlangsamen.

schwache Kraft

Kraft im Atomkern, die es subatomaren Teilchen ermöglicht, einige ihrer Eigenschaften zu verändern und dadurch Radioaktivität zu erzeugen.

Schwerkraft

Kraft, durch die massereiche Objekte voneinander angezogen werden.

starke Kraft

Starke Kraft mit sehr kurzer Reichweite, die subatomare Teilchen im Atomkern zusammenhält.

Stern

Riesiger Gasball, der Energie erzeugt, die bewirkt, dass kleine Atomkerne zu größeren zusammengedrängt werden.

subatomare Teilchen

Jedes Teilchen, das kleiner als ein Atom ist. Viele subatomare Teilchen sind selbst aus noch kleineren Teilchen aufgebaut.

Supraleiter

Material, das Strom leitet, ohne dabei Energie in Form von Wärme zu verlieren.

System

Gruppe von verbundenen Organen, z. B. im Verdauungssystem, die bei der Ausführung einer Aufgabe zusammenarbeiten.

Tektonik

Die sehr langsame Bewegung und Neuanordnung der Erdkrustenteile, die Vulkane und Erdbeben verursachen.

Welle

Sich bewegende Störung, die Energie zwischen zwei Orten transportiert.

Zelle

Kleinste Einheit eines lebenden Organismus.

INDEX